U0288945

QINHEFENGYUN   QINHESHIDI

沁河风韵系列丛书   主编|行 龙

沁河湿地

郭东罡 上官铁梁|著

山西出版传媒集团 山西人民出版社

图书在版编目（CIP）数据

沁河湿地 / 郭东罡，上官铁梁著. —太原：山西
人民出版社，2016.7
　（沁河风韵系列丛书 / 行龙主编）
　ISBN 978-7-203-09472-2

　Ⅰ.①沁… 　Ⅱ.①郭… 　②上… 　Ⅲ.①沼泽化地–介
绍–山西省 　Ⅳ.①P942.250.78

中国版本图书馆CIP数据核字（2016）第102491号

沁河湿地

丛书主编：行　龙
著　　者：郭东罡　上官铁梁
责任编辑：张慧兵
装帧设计：子墨书坊

出 版 者：山西出版传媒集团·山西人民出版社
地　　址：太原市建设南路21号
邮　　编：030012
发行营销：0351-4922220　4955996　4956039　4922127（传真）
天猫官网：http://sxrmcbs.tmall.com　电话：0351-4922159
E-mail：sxskcb@163.com　发行部
　　　　　sxskcb@126.com　总编室
网　　址：www.sxskcb.com

经 销 者：山西出版传媒集团·山西人民出版社
承 印 者：山西臣功印刷包装有限公司

开　　本：720mm×1010mm　1/16
印　　张：10.75
字　　数：200千字
印　　数：1–1600册
版　　次：2016年7月　第1版
印　　次：2016年7月　第1次印刷
书　　号：ISBN 978-7-203-09472-2
定　　价：85.00元

风韵是那前代流传至今的风尚和韵致。

沁河是山西的一条母亲河。

沁河流域有其特有的风尚和韵致，

那悠久而深厚的历史文化传统至今依然风韵犹存。

这里是中华传统文明的孵化地，

这里是草原文化与中原文化交流的过渡带，

这里有闻名于世的北方城堡，

这里有相当丰厚的煤铁资源，

这里有山水环绕的地理环境，

这里更有那独特而深厚的历史文化风貌。

由此，我们组成"沁河风韵"学术工作坊，

由此，我们从校园和图书馆走向田野与社会，

走向风光无限、风韵犹存的沁河流域。

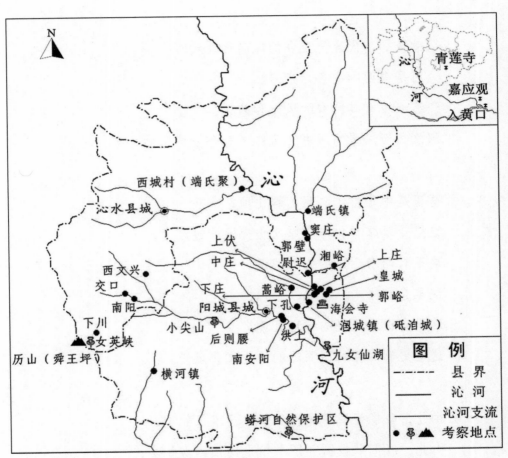

"沁河风韵学术工作坊"集体考察地点一览图（山西大学中国社会史研究中心　李嘎绘制）

三晋文化传承与保护协同创新中心

沁河风韵 学术工作坊

一个多学科融合的平台
一个众教授聚首的场域

第一场

鸣锣开张：

走向沁河流域

主讲人：行龙

中国社会史研究中心 教授

时间：2014年6月20日晚 7：30
地点：山西大学中国社会史研究中心（鉴知楼）

"沁河风韵学术工作坊"海报

田野考察

会议讨论

总　序

行　龙

　　"沁河风韵"系列丛书就要付梓了。我作为这套丛书的作者之一，同时作为这个团队的一分子，乐意受诸位作者之托写下一点感想，权且充序，既就教于作者诸位，也就教于读者大众。

　　"沁河风韵"是一套31本的系列丛书，又是一个学术团队的集体成果。31本著作，一律聚焦沁河流域，涉及历史、文化、政治、经济、生态、旅游、城镇、教育、灾害、民俗、考古、方言、艺术、体育等多方面，林林总总，蔚为大观。可以说，这是迄今有关沁河流域学术研究最具规模的成果展现，也是一次集中多学科专家学者比肩而事、"协同创新"的具体实践。

　　说到"协同创新"，是要费一点笔墨的。带有学究式的"协同创新"概念大意是这样：协同创新是创新资源和要素的有效汇聚，通过突破创新主体间的壁垒，充分释放彼此间人才、信息、技术等创新活力而实现深度合作。用我的话来说，就是大家集中精力干一件事情。教育部2011年《高等学校创新能力提升计划》（简称"2011计划"）提出，要探索适应于不同需求的协同创新模式，营造有利于协同创新的环境和氛围。具体做法上又提出"四个面向"：面向科学前沿、面向文化传承、面向行业产业、面向区域发展。

　　在这样一个背景之下，2014年春天，山西大学成立了"八大协同创新中心"，其中一个是由我主持的"三晋文化传承与保护协同创新中心"。在2013年11月山西大学与晋城市人民政府签署战略合作协议的基础上，在征求校内外多位专家学者意见的基础上，我们提出了集中校内外多学科同人对沁河流域进行集体考察研究的计划，"沁河风韵学术工作坊"由此诞生。

风韵是那前代流传至今的风尚和韵致。词有流风余韵，风韵犹存。

沁河是山西境内仅次于汾河的第二条大河，也是山西的一条母亲河。沁河流域有其特有的风尚和韵致：这里是中华传统文明的孵化器；这里是草原文化与中原文化交流的过渡带；这里有闻名于世的"北方城堡"；这里有相当丰厚的煤铁资源；这里有山水环绕的地理环境；这里更有那独特而丰厚的历史文化风貌。

横穿山西中部盆地的汾河流域以晋商大院那样的符号已为世人所熟识，太行山间的沁河流域却似乎是"养在深闺人不识"。与时俱进，与日俱新，沁河流域在滚滚前行的社会大潮中也在波涛翻涌。由此，我们注目沁河流域，我们走向沁河流域。

以"学术工作坊"的形式对沁河流域进行考察和研究，是由我自以为是、擅作主张提出来的。2014年6月20日，一个周五的晚上，我在中国社会史研究中心学术报告厅作了题为"鸣锣开张：走向沁河流域"的报告。在事先张贴的海报上，我特意提醒在左上角印上两行小字"一个多学科融合的平台，一个众教授聚首的场域"，其实就是工作坊的运行模式。

"工作坊"（workshop）是一个来自西方的概念，用中国话来讲就是我们传统上的"手工业作坊"。一个多人参与的场域和过程，大家在这个场域和过程中互相对话沟通，共同思考，调查分析，也就是众人的集体研究。工作坊最可借鉴的是三个依次递进的操作模式：首先是共同分享基本资料。通过这样一个分享，大家有了共同的话题和话语可供讨论，进而凝聚共识；其次是小组提案设计。就是分专题进行讨论，参与者和专业工作者互相交流意见；最后是全体表达意见。就是大家一起讨论即将发表的成果，将个体和小组的意见提交到更大的平台上进行交流。在6月20日的报告中，"学术工作坊"的操作模式得到与会诸位学者的首肯，同时我简单介绍了为什么是"沁河流域",为什么是沁河流域中游沁水—阳城段,沁水—阳城段有什么特征等问题,既是一个"抛砖引玉",又是一个"鸣锣开张"。

在集体走进沁河流域之前,我们特别强调做足案头工作,就是希望大家首先从文献中了解和认识沁河流域,结合自己的专业特长初步确定选题,以便在下一步的田野工作中尽量做到有的放矢。为此,我们专门请校图书馆的同志将馆藏有关沁河流域的文献集中在一个小区域,意在大家"共同分享基本资料",诸位开始埋头找文献、读资料,校图书馆和各院系及研究所的资料室里,出现了工作坊同人伏案苦读和沉思的身影。我们还特意邀请对沁河流域素有研究的资深专家、文学院沁水籍教授田同旭作了题为"沁水古村落漫谈"的学术报告;邀请中国社会史研究中心阳城籍教授张俊峰作了题为"阳城古村落历史文化刍议"的报告。经过这样一个40天左右"兵马未动,粮草先行"的过程,诸位都有了一种"才下眉头,又上心头"的感觉。

2014年7月29日,正值学校放暑假的时机,也是酷暑已经来临的时节,山西大学"沁河风韵学术工作坊"一行30多人开赴晋城市,下午在参加晋城市主持的简短的学术考察活动启动仪式后,又马不停蹄地赶赴沁水县,开始了为期10余天的集体田野考察活动。

"赤日炎炎似火烧,野田禾稻半枯焦。"虽是酷暑难耐的伏天,但"沁河风韵学术工作坊"的同人还是带着如火的热情走进了沁河流域。脑子里装满了沁河流域的有关信息,迈着大步行走在风光无限的沁河流域,图书馆文献中的文字被田野考察的实情实景顿时激活,大家普遍感到这次集体田野考察的重要和必要。从沁河流域的"北方城堡"窦庄、郭壁、湘峪、皇城、郭峪、砥泊城,到富有沁河流域区域特色的普通村庄下川、南阳、尉迟、三庄、下孔、洪上、后则腰;从沁水县城、阳城县城、古侯国国都端氏城,到山水秀丽的历山风景区、人才辈出的海会寺、香火缭绕的小尖山、气势壮阔的沁河入黄处;从舜帝庙、成汤庙、关帝庙、真武庙、河神庙，到土窑洞、石屋、四合院、十三院；从植桑、养蚕、缫丝、抄纸、制铁，到习俗、传说、方言、生态、旅游、壁画、建筑、武备；沁河流域的城镇乡村，桩桩件件，几乎都成为工作坊的同人们入眼入心、切磋讨论的对象。大家忘记了炎热，忘记了疲劳，忘记了口渴，忘记了腿酸，看到的只是沁河流域的历史与现实，想到的只是沁河流域的文献与田野。我真的被大家的工作热情所感染，60多岁的张明远、上官铁梁教授一点不让年轻人，他们一天也没有掉队；沁水县沁河文化研究会的王扎根老先生，不顾年老腿疾，一路为大家讲解，一次也没有落下；女同志们各个被伏天的热火烤脱了一层皮；年轻一点的小伙子们则争着帮同伴拎东西；摄影师麻林森和戴师傅在每次考察结束时总会"姗姗来迟"，因为他们不仅有拍不完的实景，还要拖着重重的器材！多少同人吃上"藿香正气胶囊"也难逃中暑，我也不幸"中招"，最严重的是8月5日晚宿横河镇，次日起床后竟然嗓子痛得说不出话来。

何止是"日出而作，日入而息"，不停地奔走，不停地转换驻地，夜间大家仍然在进行着小组讨论和交流，似乎是生怕白天的考察收获被炙热的夏夜掠走。8月6日、7日两个晚上，从7点30分到10点多，我们又集中进行了两次带有田野考察总结性质的学术讨论会。

8月8日，满载着田野考察的收获和喜悦，"沁河风韵学术工作坊"的同人们一起回到山西大学。

10余天的田野考察既是一次集中的亲身体验，又是小组交流和"小组提案设计"的过程。为了及时推进工作进度，在山西大学新学期到来之际，8月24日，我们召开了"沁河风韵学术工作坊"选题讨论会，各位同人从不同角度对各选题进行了讨论交流，深化了对相关问题的认识，细化了具体的研究计划。我在讨论会上还就丛书的成书体例和整体风格谈了自己的想法，诸位心领神会，更加心中有数。

与此同时，相关的学术报告和分散的田野工作仍在持续进行着。为了弥补集体考察时因天气原因未能到达沁河源头的缺憾，长期关注沁河上游生态环境的上官铁梁教授及其小组专门为大家作了一场题为"沁河源头话沧桑"的学术报告。自8月27日到9月18日，我们又特意邀请三位曾被聘任为山西大学特聘教授的地方专家就沁河流域的历史文化作报告：阳城县地方志办公室主任王家胜讲"沁河流域阳城段的文化密码"；沁水县沁河文化研究会副会长王扎根讲"沁河文化研究会对沁水古村落的调查研究"；晋城市文联副主席谢红俭讲"沁河古堡和沁河文化探讨"。三位地方专家对沁河流域历史文化作了如数家珍般的讲解，他们对生于斯、长于斯、情系于斯的沁河流域的心灵体认，进一步拓宽了各选题的研究视野，同时也加深了相互之间的学术交流。

这个阶段的田野工作仍然在持续进行着，只不过由集体的考察转换为小组的或个人的考察。上官铁梁先生带领其团队先后七次对沁河流域的生态环境进行了系统考察；美术学院张明远教授带领其小组两赴沁河流域，对十座以上的庙宇壁画进行了细致考察；体育学院李金龙教授两次带领其小组到晋城市体育局、武术协会、老年体协、门球协会等单位和古城堡实地走访；政治与公共管理学院董江爱教授带领其小组到郭峪和皇城进行深度访谈；文学院卫才华教授三次带领多位学生赶去参加"太行书会"曲艺邀请赛，观看演出，实地采访鼓书艺人；历史文化学院周亚博士两次到晋城市图书馆、档案馆、博物馆搜集有关蚕桑业的资料；考古专业的年轻博士刘辉带领学生走进后则腰、东关村、韩洪村等瓷窑遗址；中国社会史研究中心人类学博士郭永平三次实地考察沁河流域民间信仰；文学院民俗学博士郭俊红三次实地考察成汤信仰；文学院方言研究教授史秀菊第一次带领学生前往沁河流域，即进行了20天的方言调查，第二次干脆将端氏镇76岁的王小能请到山西大学，进行了连续10天的语音词汇核实和民间文化语料的采集；直到2015年的11月份，摄影师麻林森还在沁河流域进行着实地实景的拍摄，如此等等，循环往复，从沁河流域到山西大学，从田野考察到文献理解，工作坊的同人们各自辛勤劳作，乐在其中。正所谓"知之者不如好之者，好之者不如乐之者"。

2015年5月初，山西人民出版社的同志开始参与"沁河风韵系列丛书"的有关讨论会,工作坊陆续邀请有关作者报告自己的写作进度,一面进行着有关书稿的学术讨论,一面逐渐完善丛书的结构和体例,完成了工作坊第三阶段"全体表达意见"的规定程序。

"沁河风韵学术工作坊"是一个集多学科专家学者于一体的学术研究团队,也是一个多学科交流融合的学术平台。按照山西大学现有的学院与研究所(中心)计,成员遍布文学院、历史文化学院、政治与公共管理学院、教育学院、体育学院、美术学院、环境与资源学院、中国社会史研究中心、城乡发展研究院、体育研究所、方言研究所等十几个单位。按照学科来计,包括文学、史学、政治、管理、教育、体育、美术、生态、旅游、民俗、方言、摄影、考古等十多个学科。有同人如此议论说,这可能是山西大学有史以来最大规模的、真正的一次学科交流与融合,应当在山西大学的校史上写上一笔。以我对山大校史的有限研究而言,这话并未言过其实。值得提到的是,工作坊同人之间的互相交流,不仅使大家取长补短,而且使青年学者的学术水平得以提升,他们就"沁河风韵"发表了重要的研究成果,甚至以此申请到国家社科基金的项目。

"沁河风韵学术工作坊"是一次文献研究与田野考察相结合的学术实践,是图书馆和校园里的知识分子走向田野与社会的一次身心体验,也可以说是我们服务社会,服务民众,脚踏实地,乐此不疲的亲尝亲试。粗略统计,自2014年7月29日"集体考察"以来,工作坊集体或分课题组对沁河流域170多个田野点进行了考察,累计有2000余人次参加了田野考察。

沁河流域那特有的风尚和韵致,那悠久而深厚的历史文化传统吸引着我们。奔腾向前的社会洪流,如火如荼的现实生活在召唤着我们。中华民族绵长的文化根基并不在我们蜗居的城市,而在那广阔无垠的城镇乡村。知识分子首先应该是文化先觉的认识者和实践者,知识的种子和花朵只有回落大地才有可能生根发芽,绚丽多彩。这就是"沁河风韵学术工作坊"同人们的一个共识,也是我们经此实践发出的心灵呼声。

　　"沁河风韵系列丛书"是集体合作的成果。虽然各书具体署名，"文责自负"，也难说都能达到最初设计的"兼具学术性与通俗性"的写作要求，但有一点是共同的，那就是每位作者都为此付出了艰辛的劳作，每一本书的成稿都得到了诸多方面的帮助：晋城市人民政府、沁水县人民政府、阳城县人民政府给予本次合作高度重视；我们特意聘请的六位地方专家田澍中、谢红俭、王扎根、王家胜、姚剑、乔欣，特别是王扎根和王家胜同志在田野考察和资料搜集方面提供了不厌其烦的帮助；田澍中、谢红俭、王家胜三位专家的三本著述，为本丛书增色不少；难以数计的提供口述、接受采访、填写问卷，甚至嘘寒问暖的沁河流域的单位和普通民众付出的辛劳；田同旭教授的学术指导；张俊峰、吴斗庆同志组织协调的辛勤工作；成书过程中参考引用的各位著述作者的基本工作；山西人民出版社对本丛书出版工作的大力支持，都是我们深以为谢的。

前　言

　　水是生命物质和生物环境的基础，河流是孕育和培植人类文明的基元。

　　从小在沁河边长大，小时候只知道沁源县是因沁河的发源地而得名的，作为沁河源头的沁源人因沁河的下游滋养着万万众生而感到骄傲！关于沁河在脑海里的印记，更多的是儿时在河边玩耍嬉戏、摸鱼捉虾的影子和父母"千万不能下河游泳！"的叮咛。

　　2003年师从上官铁梁先生读硕士之时，赶上由他主持的《沁河源头生态功能保护区规划》刚刚完成，沁河源头生态功能保护区也很快获批。那是第一次从学科和科学的角度接触到了家乡的沁河。之后我的硕士毕业论文又回到沁源，研究"太岳山油松林受采伐干扰的生态学响应"，当时调查的区域正是沁河的主要支流柏子河的源头——灵空山国家级自然保护区。留校任教后，又和师父在灵空山建立了生物多样性固定监测大样地，从此也和沁河结下了不解的缘分。

　　沁河是黄河左岸三门峡至花园口区间最大的支流。在地球沧海桑田的历史演进过程中，沁河起源于6亿年前，远古时期，沁河流域就是华夏先民们繁衍生息的主要区域。有史以来，沁河流域孕育了中华民族丰富的文化多样性，形成了灿烂的沁河文明。同时沁河湿地又拥有其独特的生态功能。

　　沁河流域的人文历史和古堡文化一直以来备受人们关注，成果颇丰，然而，沁河湿地生态的研究却鲜有报道。在跟随师父进行教学和研究的过程中，课题组积累了大量的科学数据和资料，形成了一系列科研成果。记得当年在灵空山做硕士毕业论文时，师父就很有感触："沁河也是山西的一条母亲河，从山西来看，其水资源丰富且生态良好，但是多年来其湿地生态还未受到人们真正地关注和认识。课题组做了这么多工作，编著一本能够系统反映沁河流域湿地生态的专著一直是多年的夙愿。"

课题组十多年来对沁河流域曾进行过十多次生态和生物多样性田野考察，有幸承担"沁河风韵系列丛书"中《沁河湿地》专著的编著，为实现多年梦想提供了平台。在此期间，我们又组织科研力量进行了六次考察。其中两次，驱车对沁河全线的湿地生态进行了科考和调研。在此基础上，本书第一次以沁河湿地生态为主线，对沁河湿地生态的数据资料进行了系统整理和分析，书中图文并茂，论述了沁河湿地概况、植物区系、植被类型、动物资源、生态功能等，诠释了沁河湿地的社会地位和生态价值。目的是通过普及湿地知识、认知沁河生态、科学利用湿地，唤醒全民更加关爱湿地，自觉维护湿地生态系统和保护湿地生物多样性。

在此，我们要真挚地向沁河风韵的组织者致以诚挚的感谢，是这个集体成就了本书的问世。同时要特别感谢参加沁河风韵的所有老师们，你们的学术思想感染和具有建设性的言行启迪，为成稿创新的开炉增添了能量。当然也离不开我们课题组每位成员的共同努力和亲密合作，本书才能够最终问世，大家可谓居功至伟。

最后仅以此书献给我们尊敬的师父，祝贺他从教四十年光荣"毕业"，祝福他在退休的日子里每天开心快乐！

斗转星移，沧海桑田，转眼十余载，沁河水还是在静静流淌着，师父已到了退休的年龄，这次能和师父合著此书，了师徒多年夙愿，实在是平生幸事！由于本人才疏学浅，在成书中难免有不足和纰漏之处，请各位读者海涵并指出，以便更正。

郭东罡于山西大学令德湖畔

二〇一五年十一月三十日

目　录

CONTENTS

一、说在前头

1. 湿地概念

湿地的定义有多种，现在普遍认同是《湿地公约》中关于湿地的定义，即：不论其为天然或人工、长久或暂时性的沼泽地、泥炭地或水域地带、静止或流动、淡水、半咸水或咸水水体，包括低潮时水深不超过6m的水域，上述皆属湿地。由此可见，湿地既包括海岸地带地区的珊瑚滩和海草床、滩涂、红树林、河口等，又包括河流、淡水库塘、沼泽、湖泊、盐沼及盐湖等。

《国际重要湿地特别是水禽栖息地公约》（又称《拉姆萨尔公约》《国际湿地公约》），常简称为《湿地公约》。1971年2月，在伊朗拉姆萨尔召开了湿地及水禽保护国际会议，会上通过了《国际重要湿地特别是水禽栖息地公约》。这一公约是在世界自然保护联盟（IUCN）组织下谈判达成的一项政府间协议。该公约于1975年12月21日正式生效，秘书处设在瑞士格兰德IUCN总部，秘书处成员在法律上是IUCN的职员。联合国教科文组织是《湿地公约》（以下简称《公约》）加入文书的保管者，但《公约》不是属于联合国的一个多边环境法律文书。4个非政府组织，即IUCN、世界自然基金会（WWF）、国际鸟盟和湿地国际是《公约》的伙伴组织，合作推动《公约》的执行。《公约》目前有168个缔约方，中国于1992年加入，

图1 世界湿地公约标志

主张以湿地保护和"明智利用"为原则，在不损坏湿地生态系统的范围之内可持续利用湿地。

世界湿地日：

1996年10月湿地公约第19次常委会决定将每年2月2日定为世界湿地日，每年确定一个主题。利用这一天，政府机构、组织和公民可以采取大大小小的行动来提高公众对湿地价值和效益的认识。1998年公约常委会通过新的《湿地公约》标志（Ramsar拉姆萨尔文字配以由蓝变绿的背景，两条白线代表波浪）。该标志显示公约内涵的扩展，从单纯的水鸟栖息地到以水为主体的变化。（图1）

尽管湿地的概念目前尚未统一，但是均认为湿地是地球上最具价值和生物多样性最丰富的生态系统。从生态本质而言，湿地是一种不同于陆地

图2　沁河上游沁源县四元村河段湿地景观

生态系统的特殊系统，也不能等同于单纯的水生生态系统，它是介于陆地生态系统和水生生态系统之间的过渡带。湿地常年或周期性的水分积聚或过度湿润，形成基底的嫌气性条件，其群落由各类湿地生物类群组成，物质循环、能量流动和物种变迁与系统演替活跃，具有较高的物种多样性、生物生产力和生态复杂性。（图2）

湿地分类　湿地的类型多种多样，通常分为天然和人工两大类。国家林业局为了对全国的湿地资源进行调查，参照《湿地公约》的分类将中国的湿地划分为近海与海岸湿地、河流湿地、湖泊湿地、沼泽与沼泽化湿地、库塘等5大类28种类型。

河流是陆地表面上经常或间歇有水流动的线形天然水道。河流湿地是湿地的主要类型之一，具有十分丰富的生物资源和重要的生态服务功能。主要包括河道湿地（各级溪流及枯水季水深不超过6米的干流）、河岸湿地、泛滥平原湿地及人工水库等。自古以来，河流湿地不仅带来了人类繁衍生息所需的肥沃土壤、水源、水产品等物质资源，而且还能调蓄多余的

图3　沁河中游郑庄段河流湿地景观

图4 沁河上游主要支流紫红河穿越太岳山峡谷

图5 沁河是由众多小溪汇聚而成

图6 沁河上游主要支流紫红河穿越太岳山峡谷

图7 沁源县沁河滨河公园湿地赤麻鸭种群栖息地

洪水、涝水以保护人类家园，为人们提供方便的交通运输条件。因此，世界各大主要文明无一例外地发祥于河流两岸，世界各大主要城市也都滨水而建、依水发展，足见河流湿地在人类社会发展过程中的重要作用。

河流湿地3个主要特征：①由于临近河流或水溪等，河流湿地具有线状形态；②从周围景观汇聚到河流湿地或通过河流湿地生态系统的能量和物质在数量上远大于其他生态系统；③河流湿地把上游和下游生态系统连成一体，把湖泊和河流连成一体。

2. 湿地资源

湿地广泛分布于世界各地。由于湿地开发利用和保护直接与人类的生产生活都密切相关，人们逐步认识到湿地不仅是地球上生物多样性丰富和生产力较高的生态系统，同时也是重要的国土资源和自然资源。

根据2012年"世界自然保育监察中心"测算，全球湿地总面积约为570万hm^2，占全球陆地面积的6%。根据第二次全国湿地资源调查结果，中国湿地总面积为536万hm^2，约占世界湿地总面积的10%，位居亚洲第一位，世界第四位。湿地面积较大的是青海省、西藏自治区、内蒙古自治区和黑龙江省4省区，其湿地面积约占全国湿地总面积的50%。

根据山西省第二次湿地资源调查结果，山西省湿地总面积$15.19 \times 10^4 hm^2$，占全国湿地总面积的0.28%。其中河流湿地面积$9.69 \times 10^4 hm^2$，湖泊湿地面积$0.31 \times 10^4 hm^2$，沼泽湿地面积$0.81 \times 10^4 hm^2$，人工湿地面积$4.38 \times 10^4 hm^2$，湿地面积占国土面积的比率(即湿地率)为0.97%。山西湿地资源集中分布于运城、吕梁、忻州三市。现在已建立湿地类型自然保护区2处，面积$9.81 \times 10^4 hm^2$，湿地公园46处，面积$5.68 \times 10^4 hm^2$，其中国家湿地公园试点8处，省级湿地公园38处。

表1 我国湿地的类型及面积

湿地 $5360.26 \times 10^4 hm^2$				
自然湿地 $4667.47 \times 10^4 hm^2$				人 工 湿 地 $674.59 \times 10^4 hm^2$
近海与海岸湿地 $579.59 \times 10^4 hm^2$	沼泽湿地 $2173.29 \times 10^4 hm^2$	湖泊湿地 $859.38 \times 10^4 hm^2$	河流湿地 $1055.21 \times 10^4 hm^2$	

图8 张峰水库下游沁河岸边的灌溉农业景观

3. 经济价值

湿地覆盖地球表面仅6%,却为地球上20%的已知物种提供了生存环境,同时湿地也给人类和陆地上的其他动物提供了源源不断的物质和能

图9 沁源县郭道镇沁河河流、农田和山丘复合景观

源。人类所需要的绝大部分水禽、鱼虾、绿色产品、谷物、药材和工业原料等，都是由湿地生态系统提供的。联合国环境署一项研究数据显示：1hm²湿地生态系统每年创造的价值高达1.4万美元，是热带雨林的7倍、农田生态系统的160倍。

提供丰富的动植物产品 中国鱼产量和水稻产量都居世界第一位；湿地提供的莲、藕、菱、芡及浅海水域的鱼、虾、贝、藻类等是富有营养的副食品；有些湿地动植物还可入药；有许多动植物还是发展轻工业的重要原材料，如芦苇就是重要的造纸原料；湿地动植物资源的利用还间接带动了加工业的发展；中国的农业、渔业、牧业和副业生产在相当程度上要依赖于湿地提供的自然资源。（图9、图10）

提供水资源 水是重要的生态要素。湿地是人类生活和生产的供水水源。我国众多的沼泽、河流、湖泊和水库等湿地在输水、储水和供水方面发挥着巨大的作用。（图11）

提供矿物资源 湿地中有各种矿砂和盐类资源。中国的青藏、蒙新地区的碱水湖和盐湖，分布相对集中，盐的种类齐全，储量极大。盐湖中不仅富有大量的食盐、芒硝、天然碱、石膏等普通盐类，而且还富集着硼、

图10 2015年在张峰水库库区调查时垂钓者获得的鱼类

　　图11 丹河为沁河的一级支流，发源于山西省高平市赵庄丹朱岭，是晋城境内的第二大河，为农业工业和生活提供了丰富水源，被誉为晋城和焦作人民的"母亲河"。

图12 丹河大桥为世界上最大跨径的石拱桥，于2001年被正式列入吉尼斯世界纪录

图13 分布在沁水县沁河岸边的煤层气开采机器

锂等多种稀有元素。中国一些重要油田，大都分布在湿地区域，湿地的地下油气资源开发利用在国民经济中的意义重大。沁河流域不仅是沁水煤田的主要分布区，还蕴藏了大量的煤层气资源，已经成为山西省重要的清洁

能源生产基地。

能源和水运 湿地是水电的重要来源。中国的水能蕴藏占世界第一位，在中国电力供应中占有重要地位，达6.8×108 kW，有着巨大的开发潜力。沁河流域现已建成的水电站有46处，装机容量10 197kW，年发电0.58亿kW·h；在建水电站有9处，装机容量44 720kW，年发电量1.95亿kW·h。

湿地有着重要的水运价值，沿海沿江地区经济的快速发展，很大程度上是受惠于此。中国约有1×10^5km的内河航道，内陆水运承担了大约30%的货运量。

4. 生态价值

湿地生态系统是由湿地植物、动物、微生物等生物要素及其光、热、水、无机盐等非生物要素组成。这些生物要素和非生物互相联系、互相制约，形成了一个动态平衡的生态系统，显示了一系列的生态服务功能和生

图14 润城丰富多样的湿地类型，高效转化的生态系统

态价值。

调蓄水量和调节气候　湿地在蓄水、调节河川径流、补给地下水和维持区域水平衡中发挥着重要作用，是蓄水防洪的天然"海绵"。我国的淡水资源主要分布在河流湿地、湖泊湿地、沼泽湿地和库塘湿地之中。湿地维持着约 2.7×10^{12} t 淡水，保存了全国96%的可利用淡水资源，湿地是淡水安全的生态保障。再者，湿地储存泥炭的能力和湿地植被较大的蒸散作用对调节气候发挥着重要作用。北方地区河流湿地每公顷蓄水量可达 $1000 \sim 8000 \, \text{m}^3$ 水量，每公顷储存的泥炭高达 1×10^9 t。

生产力高和能量转化快　在湿地生态系统中，物质和能量通过绿色植物的光合作用进入植物体内，然后沿食物链从绿色植物转移到昆虫、小型鱼虾等食草动物，再经水禽、两栖、哺乳等食肉动物，最后，部分有机物被微生物分解进入再循环，部分积累起来；而能量由于各营养级的呼吸作用及最后的分解作用，大部分转化为热量散失。

由于湿地生态系统特殊的水、光、热等条件，其初级生产力高，能量积累快。据报道，每年每平方米湿地平均生产9g蛋白质，是陆地生态系统的3.5倍，有的湿地植物生产量比小麦的平均生产量高8倍。湿地是地球上最富有生产力的生态系统之一。（图14）

维持生物多样性　湿地生态环境复杂，生物多样性占有非常重要的地位。依赖湿地生存、繁衍的野生动植物非常多，是生物多样性丰富的重要地区，其中有许多是珍稀特有的物种，是濒危鸟类、迁徙候鸟以及其他野生动物的栖息繁殖地。在我国有湿地植物4220种，湿地植被483个群系；脊椎动物2312种，其中湿地鸟类231种，占全国鸟类总数1/3左右。40多种国家一类保护的珍稀鸟类约有一半在湿地生活，亚洲有57种处于濒危状态的鸟，在中国湿地已发现有31种；全世界有鹤类15种，中国湿地鹤类占9种。中国许多湿地是具有国际意义的珍稀水禽、鱼类的栖息地，天然的湿地环境为鸟类、鱼类提供丰富的食物和良好的生存繁衍空间，对物种保存和物种多样性的保护发挥着重要作用。（图15、图16）

　　图15　沁河湿地上，在不同的季节和不同的生境中分布着大量的湿地动物——野
鸭和家鹅

　　图16　沁河湿地上，在不同的季节和不同的生境中分布着大量的湿地动物——野
生小白鹭

重要的遗传基因库 对维持野生物种种群的存续、筛选和改良具有商品意义的物种，均具有重要意义。中国利用野生稻杂交培养的水稻新品种，使其具备高产、优质、抗病等特性。沁河流域湿地广泛分布的野大豆是大豆育种的重要遗传资源，它们在遗传育种、改善品种品质和提高粮食产量等方面具有重要的作用。

净化水质和降解污染物 随着工农业生产和人类其他活动以及径流等自然过程带来农药、工业污染物、有毒物质进入湿地，湿地的生物和化学过程可使有毒物质降解和转化，使当地和下游区域受益。湿地净化水质功能十分显著，每公顷湿地每年可去除1000多公斤氮和130多公斤磷。目前，在沁河沿线已经完成了丹河人工湿地、沁河源头河岸带、泽州县长河人工湿地等项目，极大地改善了沁河水质。

5. 社会地位

湿地生态直接影响着自然生态环境良性循环、人类社会文明进步及经济建设可持续发展，是世界各国普遍关注的焦点问题。健康的湿地生态系统，是国家生态安全体系的重要组成部分。近年来，我国将湿地生态系统的保护和建设提到了前所未有的高度，并纳入了社会国民经济发展战略中，将全国水污染防治、水资源调配与管理、海洋功能区划等列入了重大行业战略规划之中。2006年至今，我国政府已经实施134个林业湿地工程项目，累计投入9.17亿元，共恢复各类湿地面积约$5 \times 10^4 hm^2$。

另外湿地还为人类提供了集聚场所、娱乐场所、科研和教育场所，湿地具有自然观光、旅游、娱乐等美学方面的功能和巨大的景观价值。中国有许多重要的旅游风景区都分布在湿地地区，令人陶醉的自然景色和良好的环境使湿地成为生态旅游和疗养的胜地；有些湿地还保留了具有宝贵历史价值的文化遗址，是历史文化研究的重要场所；湿地丰富的野生动植物和遗传基因等为教育和科学研究提供对象和实验基地；湿地保留的过去和

图17 沁河张峰水库已经成为户外爱好者的热点目的地

图18 山西大学环境生态工程专业的学生在沁河上游进行湿地生态野外实习

现在的生物、地理等方面演化进程的信息，具有十分重要和独特的科研价值。（图18）

二、沁河概览

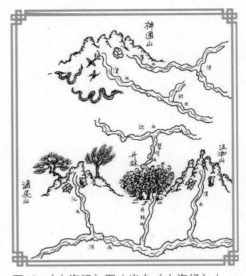

日谒戾之山，其上多松柏，有金玉。沁水出焉，南流注于河。其东有林焉，名曰丹林。丹林之水出焉，南流注于河。

——《山海经》

图19 《山海经》图（出自《山海经》）

沁河古称沁水、少水、涅水，属黄河的一级支流，流经晋、豫两省，自北而南，过沁潞高原，向南穿越太行山后，进入河南境内冲积平原，最后在武陟县西营境内注入黄河。

1. 地形地貌

沁河流域的轮廓犹如阔叶形状，地势北高南低，在山西境内的流域地貌大部分是山地，一般海拔高度1000~2000米。沁河源头泉眼分布在石灰岩出露区，泉群密布，泉水奔涌，清凉甘甜，旧时诸泉齐涌，水溢山间。沁河干流两翼重峦叠嶂，沟深谷狭，幽深静谧，时而开阔爽朗，时而峡谷一线，犹逢绝境。可谓人间仙境，为人称道。在河南省济源市的五龙口镇以北为太行山峡谷、大断层和山麓浅山复合地貌，向东流入沁阳市和武陟县为典型的平原地貌，海拔高度降至不足300米。在空中俯瞰沁河干流迂回蜿蜒，盘绕缠绵，晶莹碧透，穿越在崇山峻岭和黄土丘陵之间，镶嵌于山间盆地和中原大地之上，犹如一条纵贯太岳山和太行山的巨龙，奔腾千里，投怀于黄河之腹。

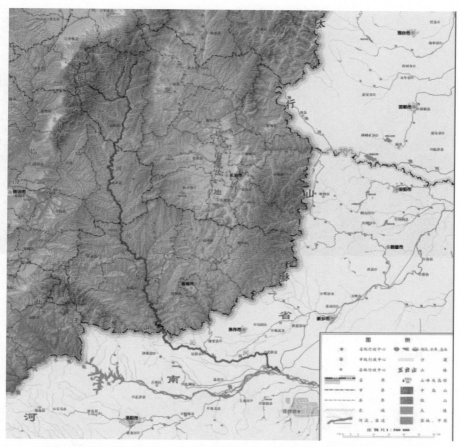

图20 沁河流域地势图（出自山西科学技术出版社《中国地势图》2012年）

上述可见，沁河流域的地形地貌一应俱全，有山地、丘陵、山涧、峡谷、盆地和平原等，称得上是丰富多样，奇特多变。（图21）

2. 水文特征

黄河水利委员会水文水资源局数据显示，沁河流域多年平均地下水资源量为每年$13.14 \times 10^8 m^3$，流域水资源总量为$20.91 \times 10^8 m^3$。沁河流域16个雨量观测站降水量系列资料，沁河流域丰水年降雨量为869mm，枯水年降

图21 柏子河源头灵空山奇峰突兀，沟壑纵横，密林蔽日

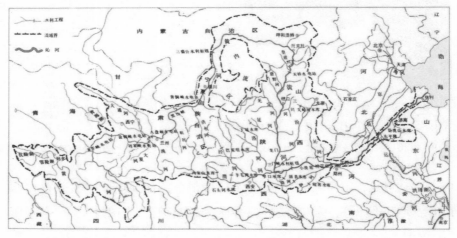

图22 沁河在黄河流域的位置（出自《山西省地图一本全》）

雨量为388mm，多年平均降雨量为657mm。年最大蒸发量为1732mm，年最小蒸发量为1194mm，多年平均蒸发量1501mm。但是从降雨趋势分析，进入20世纪90年代后期，由于全球气候变化和人为干扰等因素，整个流域水资源量明显呈减少趋势。（图22）

3. 地质构造

　　沁河流域地处霍山背斜东侧，沁水复式向斜南段，在阳城、晋城的南部，穿过太行山复式背斜隆起带南段的东西向延伸带，向南进入地处华北坳地带的河南省。

　　流域内出露地层以古生界的寒武系、奥陶系、石炭系、二迭系最为发育，沿沁水台凹的中部分布有生界三叠系，新生界第三系、第四系，松散沉积物则分布在沟谷低洼地段，尤其是各新生代断陷盆地中。

　　沁河干流绝大部分为砂页岩地层，水量渗漏损失小，水源丰富。而其支流丹河流域石灰岩广布，溶洞发育，断层较多，水量渗漏严重，上游河谷多为干谷。

4. 流域土壤

　　沁河流域土壤分布的垂直变化十分明显，从高海拔山地向低海拔的河谷到盆地，依次是山地草甸土分布在海拔2200米以上的山地草甸灌丛带；

淋溶褐土和棕壤主要分布在海拔1400~2200米的寒温性针叶林带、针阔叶混交林带；山地褐土和褐土性土分布在海拔700~1400米的落叶阔叶林、温性针叶林和低山丘陵区的灌丛、灌草丛带，这一地带也是沁河流域的农耕带，植被覆盖相对较差，水土流失较为严重，沁河的泥沙主要来源于这一地带；草甸土、沼泽土和冲积沙土分布在海拔较低的河流、库塘和河漫滩等地段，在沁河两岸呈带状分布，是湿地的主要土类。沁河流域的土壤一般呈中性偏碱，pH值7.5左右。

5. 气候特征

沁河流域整体属我国暖温带半湿润季风气候区的西部边缘，表现出明显的大陆性季风气候特点，即四季分明，春旱多风，夏短湿润，秋爽气高，冬长寒冷。夏季降雨集中，秋雨多于春雨，昼夜和年温差较大。流域气温北低南高，多年平均气温5~14℃，一月份平均气温-8~-4℃，七月份平均气温19~23℃；无霜期173~220天，源头的无霜期仅有120天；平均年

图23 冬日的沁河银装素裹，气势磅礴，分外妖娆

降水量550~750毫米，流域年降雨量南北差异明显，上中游平均年降雨量为617毫米，下游为600~720毫米。年平均日照时数为2400~2700小时，全年日照率在50%~60%。灾害性天气主要是干旱、冰雹、霜冻和冰冻等。（图23）

6. 河流水系

沁水即少水也，或言出谷远县羊头山世靡谷。三源奇注，经泻一隍，又南会三山水，历落出，左右近溪，参差翼注之也。

——《水经注》

沁河发源于沁源县北部的太岳山腹地，之后由西北向东南曲折而行，经二郎神沟至郭道镇接纳赤石桥河；之后又先后汇入紫红河、白狐窑河、狼尾河、法中河和柏子河，经大南川出沁源县进入安泽县境内。（图24）

柏子河又称龙头河、中峪河，发源于灵空山国家级自然保护区北部黑峪村黑峪沟，河长43km，流域面积268km^2。保护区以天然油松

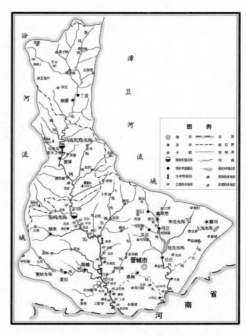

图24 山西省沁河流域水系图（出自《沁河流域规划》）

图25 灵空山国家级自然保护区内生长着一棵世界油松之王——"九杆旗"。

1993年6月，山西省人民政府将"九杆旗"列为省级古稀珍贵树木，2005年获得上海世界吉尼斯总部颁发的"世界最大油松"世界吉尼斯纪录证书。"九杆旗"的主杆出土后分成三个次杆，各次杆再分枝，形成九个笔直的分枝，分枝彼此团抱簇拥，直插云霄，形似九面迎风招展的擎天旗帜，故称"九杆旗"。"九杆旗"的树龄在600年以上，高45米，胸径1.5米，根部直径5米，树冠幅346平方米，木材蓄积量48.6立方米。它以庞大的树冠抚慰着大地，为树下草木挡风蔽日，仿佛像一位饱经历史沧桑的老人，不断记录着灵空山的空灵理奥。

林生态系统为主要保护对象，保护区内奇峰突兀，沟壑纵横，密林蔽日，溪水潺潺，花草繁茂，胜景迭出，素有"四十里林子不见天"之说。（图24）

在安泽县汇入的河流有：蔺河、泗河、兰河、李元河、王村河、马壁河等，向南流入沁水县。

沁河在沁水县有沁水河、林村河、固县河、龙渠河等汇入，在郑庄镇转向东流，在端氏镇又转为南流进入阳城县。

进入阳城县润城镇后一路向南，有芦苇河、获泽河、西冶河等汇入，又在九女台沿着泽州与阳城的县界南下，在泽州县有长河汇入，最后从拴驴泉处出山西省，流入河南省济源市。

沁河在河南省济源市五龙口镇向东流入沁阳市，有安全河、逍遥河汇入，又进入博爱县，在沁阳市与博爱县界，又有从晋城市流来的丹河汇入。沁、丹合流后沿博爱、温县界进入武陟县，在武陟县最终

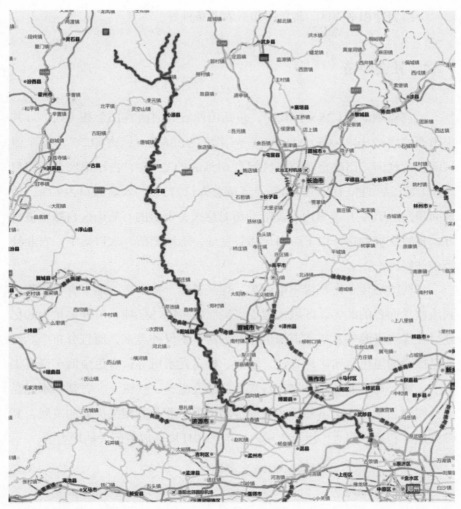

图26 沁河流经的行政区（引自山西科学技术出版社《山西省地图一本全》2012）

归入黄河。

　　整个沁河水系中，从源头至张峰水库坝址处为上游区，张峰水库至晋豫两省交界为中游区，河南省段为下游区。干流上游段属山区峡谷，坡陡流急，植被好，水多沙少，水资源较丰富。中游流域呈阔叶形，以石质山区为主，土石山区次之，干流河道大部分为砂页岩地层，水量渗漏较少，支流大都有清水长流，山高谷深，河床稳定性较好。

下游为冲积平原区，地势平坦，农业条件好。

7. 社会经济

沁河流域面积 $1.35 \times 10^4 km^2$ ，包括山西省和河南省16个县（区）。其中山西境内12 148km²，占89.8％，河南境内1 384km²，占10.2％。整个流域面积占黄河三门峡至花园口区间41 615km²的32.5％，占小浪底至花园口区间2.7万km²的50.1％。2014年，流域总人口273万，农业人口占92％，耕地面积26.7万hm²。流域内人类活动历时悠久，上游的石质山区自然植被良好，林牧业较发达；中下游山丘河谷盆地，土地肥沃，人口集中，农业经济条件好。

沁河流域位于沁水煤田中西部，煤炭资源十分丰富，地下有煤面积占到流域总面积的80％，区域内地下煤炭储藏量128.8亿吨，可开采量为90亿吨。除煤炭资源外其矿产资源也非常丰富，不仅种类多，而且分布广。目前已探明的黑色金属矿产有铁、锰铁、稀有元素钒等；有色金属矿产有铝矾土、锗、镓；非金属矿产有石灰岩、耐火黏土、铁钒土、石膏、水泥黏土、陶瓷黏土等。丰富的矿产资源带动了采矿业及其相关产业的发展，其带来经济利益的同时，也给流域内的生态和环境造成了巨大的压力。

8. 主要湿地

（1）河源湿地

沁河源头位于霍山东麓沁源县王陶乡的二郎神沟西北部的将台上村西，源头分水岭高程为2300m。沁河流域共有九处较大的泉水，河底泉位于王陶乡河底村南石崖下，属岩溶泉；活凤泉位于官滩乡活凤村东山沟，属砂岩构造泉；卫华泉位于韩洪乡王家湾村西，属灰岩构造泉；龙王庙泉位于官滩乡后沟村西龙王庙，属灰岩构造泉；苏家庄泉位于郭道镇苏家庄村西，属灰岩构造泉；西村岑泉位于郭道镇龙门村，属灰岩构造泉；水峪泉位于聪子峪乡水峪村南，属灰岩构造泉；金艮泉位于郭道镇秦家庄村西，属灰岩构造泉；西务泉位于灵空山镇西务村南，属灰岩构造泉。（图27—图34）

图27 沁源县花坡沁河源头纪念牌

图28 沁源县王陶乡河底村南石崖下河底出露泉群

图29 沁河源头景区全景

图30　沁源县官滩乡活凤村东山沟的活凤泉地下涌出的泉水

图31　沁源县官滩乡沁河水源补给区汇聚的河水

图32 位于沁源县景凤村的天然形成的泉眼

图33 沁河水在沁源县郭道镇形成的径流

图34 从灵空山发源的柏子河

世人爱唱大江赞，谁识深山一线泉？
若无涓涓崖底水，焉得滔滔沁河源。

王东满

沁河源头被列为山西省首批建设的生态功能保护区，保护区的建立对于源头生态景观和水资源的保护、提升和优化生态环境功能，具有重要的意义。源头所在的二郎神沟内青崖壁立，峡谷涌翠，古松倒挂，鹰翔鱼游，风光十分优美。源头区域泉水长流不断，生物多样性十分丰富，森林覆盖率高达53%，有野生高等植物964种，其中国家级重点保护物种6种，山西省稀特物种17种，各种经济植物400多种；区内分布的野生脊椎动物有68种，其中珍稀濒危动物有金钱豹、林麝、刺猬、金雕、黑鹳等。山峦起伏、复杂多变的地形地貌景观，类型齐全、错落有致的自然生态系统，山水相依，民风淳朴。

（2）库塘湿地

库塘湿地属于人工湿地，是指为灌溉、水电、防洪等目的而建造的人工蓄水设施。主要分布在河流中、上游以及天然湿地集中的周边区域。

水库不仅创造了巨大的经济效益，另外水库湿地还提供了非常重要的生态系统服务功能，水库湿地还能够通过稀释、吸附、过滤、扩散、氧化还原等一系列复杂的生物化学过程来净化水质，水库还为湿生的植物、鱼类以及以此为食的动物提供了相应的生存环境，对于生物多样性的维持具有重要作用，此外水库湿地的生态系统对局部小气候的形成也具有重要的意义。水库湿地还为人们提供了户外休闲运动的场所，自然生态系统对于人们认知的发展、精神放松、灵感激发、美学享受等社会效益具有重要的意义。目前，沁河流域已建有大、中、小型水库100余座，其中张峰水库、董封水库、上郊水库、申庄水库、任庄水库和杜河水库等大、中型水库，控制流域面积和总库容量都比较大，和当地社会经济和工农业生产都有着密切的关系。

张峰水库　位于山西省沁水县张峰村，是黄河流域沁河干流上最大的水利枢纽工程，控制流域面积4990km²，库容3.94×10⁸m³，以城市生活

图35　张峰水库库塘

图36　张峰水库湿地

和工业供水、农村人畜饮水为主，兼顾防洪、发电等综合利用，工程总投资17.48亿元。2005年被列为国家重点建设项目。张峰水库工程由枢纽工程和输水工程两部分组成。枢纽工程由拦河大坝、导流泄洪洞、溢洪道、供水发电洞及渠首电站、川坡电站等。输水工程包括总干、一干、二干和三干，分别向阳城、高平、泽州和晋城市城区四县、市供水，线路总长145km。设计流量2.44~6.45m³/s。年供水量$2.07 \times 108m^3$，年发电量$7.7 \times 106kw \cdot h$，下游河道的防洪标准将由5~10年一遇提高到20年一遇。（图35、图36）

水利水电工程在环境影响方面有突出的特点，表现在影响地域范围广阔，对社会、经济、生态环境影响巨大，外部环境对工程的影响也十分巨大。水质保护、水温、水文情势变化、最小下泄流量、淹没影响、移民拆迁、下游水资源利用、上下游经济发展均衡性影响等是水利水电工程建设中最常见，也是最重要的环境问题。

引沁入汾引水枢纽 引沁入汾引水枢纽工程总投资3.5亿元，总库容989万立方米，控制流域面积2653平方千米。是实现山西省相对富水的沁

图37 和川引水枢纽

河向水资源供给不足的汾河调水的一项关键工程，工程建成后，每年可供水5900万立方米，有效缓解临汾市汾东地区工业和城市用水紧张局面。

在安泽县境内的沁河干流上修建马连圪塔水库，开凿分水岭草峪岭隧洞，调水至汾河流域的大型自流灌溉工程。全部工程由两部分组成，第一部分是马连圪塔水库枢纽工程，水库总容量为4.25亿立方米；第二部分是灌溉工程，总干设计流量为17m/s，加大流量为21m/s秒。全长79.5km，共有干渠9条，万亩以上支渠13条，总长

图38 沁河源头油松林

218.36km，控制流域2727km²，全部工程建成后，可使临汾汾东的安泽、古县、浮山、洪洞、临汾、曲沃、翼城七县市新发展灌溉面积3万公顷，

图39 沁河源头湿地

图40 灵空山自然保护区内的褐马鸡

改善面积2万公顷。每年为临汾地区提供工业和城市用水6250万立方米，每年可创经济效益5.2亿元。（图37）

（3）湿地公园

沁河源国家湿地公园 沁河源国家湿地公园总面积248.3hm^2，湿地总面积为94.43hm^2，湿地率38.03%。湿地公园具有黄土高原丘陵沟壑区地貌特征，范围内包括熔岩裂隙水、冰雪斑块融化产生的沼泽斑块、泉眼、溪流及其沟谷洪泛滩地；地势平坦区的河湾、沼泽、洪泛及局部水坝形成的库塘等湿地，湿地分布广泛。类型包括了山西省淡水湿地的全部类型，成为特色鲜明的黄土高原"森林、熔岩、草甸、溪流与河流湿地交错分布"的典型区域，是别具特色的黄河支流源头的湿地生态系统。

沁河源国家湿地公园保护了沁河源头生态补水系统的稳定性，同样也是沁河源头水源涵养工程的延续和保护措施、途径的多元化体现；消除了公园范围内自然和人为因素对湿地资源及生物多样性的不利影响，使公园内的湿地生态系统、野生动植物资源得到有效保护和恢复，维护了湿地生态系统的自然性、稳定性、完整性和多样性，生态效益显著。（图39、图40）

丹河人工湿地公园 丹河人工湿地公园位于山西省高平市城市东北侧，规划控制范围北起高都镇东侧任庄水库、南至金村镇东南村，公园南北长4188m，东西最宽1371m，占地面积3.01km²，控制面积约32km²。

丹河湿地公园突出河流湿地生态自然景观，兼顾历史人文景观，融生

图41 丹河河流湿地景观

图42 阳城县润城镇利用丹河水建成的湿地公园

图43 丹河上的太极湖景区

态修复、资源培育、科普教育、休闲游憩为一体，兼有城市绿道功能的河流湿地公园。（图41~图43）

　　整个湿地公园分为滨湖度假段、郊野田园段、城市滨水段和山水拓展段。滨湖度假段以滨湖休闲度假功能为主，重点建设丹泫湿地、丹源度假村、环湖游憩系统、水上游憩系统等。郊野田园段以郊野田园的乡村体验功能为主，重点建设丹汇湿地、丹泽湿地、四个主题村落、游憩系统、景观风貌等。城市滨水段以城市滨水休闲功能为主，重点建设丹川湿地、丹湾湿地、人工湿地景观化改造、旅游集散

图44 利用沁河沿岸建成的府城湿地公园

图45 府城湿地公园

广场。山水拓展段以山野探险、户外拓展功能为主，重点建设丹湖湿地、丹溪山地。

安泽县府城省级湿地公园 安泽县府城湿地公园位于山西省安泽县，面积约145hm²，于2010年晋升为省级生态公园，安泽县府城省级湿地公园是以湿地休闲游憩为主题的生态公园景区，以体现湿地野趣风光为特色，以休闲游憩为主，兼顾观鸟、野餐、垂钓、亲子活动等生态活动。

图46 阳城县寨后村的沁河第一湾

公园位于安泽县沁河大桥北侧月亮湾。月亮湾三面环水，地势平坦，滩地高于枯水位，地质和土壤具有沼泽地特征，以芦苇、莲花等耐水性植物为主，野草茂盛、曲径通幽、鸥鹭飞翔，重视生态景区特色景观。

（4）景观湿地

阳城县寨后村的沁河第一湾　因沁河在山西阳城磨滩—寨后村拐了一个近180度的弯，故有"沁河第一湾"之称。整个湿地景观古朴天成，沁河盘曲悠远，群山层峦叠翠，村庄古朴宁静，沁河水九曲十八弯。四周群峰似涛，山色如黛，云雾缭绕，重峦叠嶂。站在高处俯瞰沁河，河水几乎呈360度急剧回转，将小山搂进它那博大的怀抱。山依水成景，水靠山传神，山、水竟能如此珠联璧合，人们到此无不感叹大自然的鬼斧神工。有资深专家曾叹为观止，称其为"中华奇湾"，也有称"沁河鲸鱼湾"。（图46）

沁源县城沁河湿地生态工程景观　沁河流经沁源县城，利用这个资源，沁源县在沁河过境两岸栽植各类湿地植物，新增绿地面积12万平方米，县城绿化覆盖率达到43%，人均公共绿地面积达到23平方米，建成观音坪公园、东山生态园等湿地游园。利用沁河河道生态改造工程，推进公园绿化、道路绿化、水系绿化，构筑县城湿地生态屏障。（图48）

图47　阳城县寨后村沁河第一湾：依河而居——人与自然和谐

图48　沁源县县城沁河大桥

三、湿地植物

　　湿地植物包括沼生植物、湿生植物和水生植物。它们生长在地表经常过湿、常年积水或浅水的环境中，植物的基部浸没于水中，茎、叶大部分挺于水面之上，暴露在空气中。因此，又具备陆生植物的某些特征，水生植物则沉于水中，所以湿地植物是水生和陆生之间的过渡类型，具有适应于这一特殊生境的生态特征。湿地植物除了具有直接提供工业原料、食物、观赏花卉、药材等作用外，还在湿地生态系统中发挥关键作用。

　　植物区系特征是指某一地区所有植物种类的组成，现代和过去的分布以及它们的起源和演化历史。介绍沁河湿地植物的区系特点、性质对于认识湿地植物本身的特点、分布、发生历史及经济意义等都是很重要的。

1. 区系组成

　　沁河湿地共有植物70科219属460种。其中蕨类植物8科8属11种，裸子植物1科1属1种，被子植物61科210属448种。

（1）科的统计分析

　　科是一个高级的分类单位，它比较广泛地反映出了物种的亲缘关系。沁河湿地维管束植物中大型科（40种以上，含40种）有2科，莎草科和菊科；较大型科（20~39种）有5科，分别是禾本科、藜科、蓼科、毛茛科和唇形科；中型科（10~19种）有6科，分别为蔷薇科、杨柳科、十字花科、眼子菜科、伞形科、龙胆科；较小型科（6~9种）有8科，分别是百合科、石竹科、玄参科、荨麻科、虎耳草科、柳叶菜科、香蒲科、豆科；小型科（2~5种，含2种）有25科，如苋科、柽柳科、泽泻科、睡莲科、罂粟科、景天科、茄科、茨藻科等；单种科（只含1种）有24科，如铁线蕨科、蹄盖蕨科、铁角蕨科、苹科、槐叶苹科、满江红科、榆科、桑科、马齿苋科等。

　　沁河湿地维管束植物中，大型科和较大型科仅只占总科数的10%，但所含属数为87属，占总属数的39.9%，所含种数为226种，占总种数的49.2%；中型科、较小科、小型科以及区域单种科共计63科，占总科数的90%，所含属数（132属）和种数（414种）分别占总属、种数的60.1%和50.8%。说明

表2 沁河湿地维管束植物科的区系组成统计

级别	数量比例	区域单种科	小型科 2~5种	较小科 6~9种	中型科 10~19种	较大科 20~39种	大型科 ≥40种	合计
科	数量	24	25	8	6	5	2	70
	比例（%）	34.3	35.7	11.4	8.6	7.1	2.9	100
所含属	数量	24	49	30	29	59	28	219
	比例（%）	11.0	22.4	13.7	13.2	27.0	12.9	100
所含种	数量	24	78	56	75	130	96	460
	比例（%）	5.2	17.0	12.2	16.3	28.3	20.9	100

大型科和较大型科是本区系属和种的重要组成部分，较小科和小型科以及区域单种科是本区系科的主体。而且，该植物区系中不仅有着较为原始的科，如杨柳科，还有着高度进化的科，比如菊科、禾本科等，也有处于分化关键类群的科，比如虎耳草科，这些特点反映了沁河湿地植物区系组成成分的复杂性。

沁河湿地维管束植物中，大型科和较大型科仅只占总科数的10%，但所含属数为87属，占总属数的39.9%，所含种数为226种，占总种数的49.2%；中型科、较小科、小型科以及区域单种科共计63科，占总科数的90%，所含属数（132属）和种数（414种）分别占总属、种数的60.1%和50.8%。说明大型科和较大型科是本区系属和种的重要组成部分，较小科和小型科以及区域单种科是本区系科的主体。而且，该植物区系中不仅有着较为原始的科，如杨柳科，还有着高度进化的科，比如菊科、禾本科等，也有处于分化关键类群的科，比如虎耳草科，这些特点反映了沁河湿地植物区系组成成分的复杂性。

（2）属的统计与分析

沁河湿地维管束植物区系中含10种以上（含10种）的大型属有7属，包含薹草属（17种）、蓼属（15种）、眼子菜属（11种）、莎草属（11

种）、藜属（10种）、委陵菜属（10种）；含5~9种的中型属有11属，有蒿属（8种）、酸模属（7种）、扁莎属（7种）、银莲花属（6种）等；含2~4种的小型属有72属，有灯心草属（4种）、猪毛菜属（3种）、泽泻属（3种）等；区域单种属有129属，其中有黄精属、鹿药属、水鳖属、苦草属等。

沁河湿地维管束植物中，大型属和中型属有18属，共含150种，分别占总属、种数的8.2%和32.6%，虽所占比例均小，但是这些属、种在沁河湿地的植物群落中大多属于优势属、种，对沁河湿地植被变化和演替具有重要意义；小型属和区域单种属共有201属，共含310种，分别占总属、种数的91.8%和67.4%，构成了沁河湿地植物区系属、种组成的主体，也是沁河湿地植物区系属和种多样性的重要组成部分。

表3　沁河湿地维管束植物属的区系组成统计

级别	数量比例	区域单种属	小型属 2~4种	中型属 5~9种	大型属 ≥10种
属	数量	129	72	11	7
	比例	59.0%	32.9%	5.0%	3.2%
所含种	数量	129	181	66	84
	比例	28.0%	39.3%	14.3%	18.3%

2. 区系成分

植物分布区类型是指植物类群（科、属、种）的分布图式始终一致的再现。显然，同一分布型的植物有着大致相同的分布范围和形成历史，而同一个地区的植物可以有各种不同的植物分布区类型。划分、分析整理某一地区的分布区类型，有助于了解这一地区植物区系各种成分的特征和性质，如果这一地区足够大，这种分析还是植物分区的重要基础。

（1）优势科的分布区类型

将沁河湿地植物中含有20种及以上的科定为优势科。该区优势科有7科，共含87属，226种，占沁河湿地维管束植物总科数的10%，总属数的

39.7%，总种数的49.1%。根据吴征镒（1991）对中国种子植物科的分布区划分标准，沁河湿地植物优势科（7科）的分布区类型可划分为3种，其

表4沁河湿地维管束植物优势科的分布区类型统计

科名	分布区类型	所含属数	属数占总属数的比例（%）	所含种数	种数占总种数的比例（%）
莎草科	广布全球	8	3.7	53	11.5
菊科	广布全球	20	9.1	43	9.3
禾本科	广布全球	23	10.5	37	8.0
藜科	非洲南部、中亚、南美、北美及大洋洲	9	4.1	26	5.7
蓼科	北温带	4	1.8	24	5.2
毛茛科	广布全球	9	4.1	22	4.8
唇形科	广布全球	14	6.4	21	4.6
合　计		87	39.7	226	49.1

中广布全球性质的科数最多，为5科，包括莎草科、菊科、禾本科、毛茛科、唇形科；北温带分布性质与非洲南部、中亚、南美、北美及大洋洲分布性质的科均为1科，分别为蓼科和藜科。

（2）属的分布区类型

在沁河湿地植物区系的219属中，含有10种以上的（含10种）的优势属有7属，分别为薹草属（17种）、蓼属（15种）、眼子菜属（11种）、莎草属（11种）、藜属（10种）、委陵菜属（10种），共含84种，属、种

表5 沁河湿地维管束植物中优势属的统计

属名	所含种数	种数占总种数的比例（%）
薹草属	17	3.7
蓼属	15	3.3
眼子菜属	11	2.4
莎草属	11	2.4
委陵菜属	10	2.2
柳属	10	2.2
藜属	10	2.2
合 计	84	18.3

数分别占总属、种数的32%、18.9%。

根据吴征镒（1991）对中国种子植物属的分布区划分标准，沁河湿地植物的属可划分为15个分布区类型，其中世界分布（1）性质52属，占总属数的24.64%；热带分布（2~7）性质38属，占总属数的18.02%；温带分布（8~11）性质108属，占总属数的51.19%；无古地海分布（12~13）性质的属；东亚分布（14）性质10属，占总属数的4.74%；中国特有分布（15）性质3属，占总属数的1.42%。

（3）种的分布区类型

根据吴征镒（1991）对中国种子植物种的分布区划分标准，沁河湿地植物的种可划分为15个分布区类型，其中世界分布（1）性质36种，占总种数的8.02%；热带分布（2~7）性质39种，占总种数的8.68%；温带分

表6 沁河湿地种子植物属的分布区类型统计

分布区类型	属数	占总属数的比例（%）
1.世界分布	52	24.64
2.泛热带分布	27	12.80
3.热带亚洲和热带美洲间断分布	0	0
4.旧世界热带分布	2	0.95
5.热带亚洲至热带大洋洲分布	2	0.95
6.热带亚洲至热带非洲分布	4	1.90
7.热带亚洲分布	3	1.42
8.北温带分布	70	33.18
9.东亚和北美洲间断分布	5	2.37
10.旧世界温带分布	29	13.74
11.温带亚洲分布	4	1.90
12.地中海、西亚至中亚	0	0
13.中亚分布	0	0
14.东亚分布	10	4.74
15.中国特有分布	3	1.42
合　计	211	100

表7 沁河湿地种子植物种的分布区类型统计

分布区类型	种数	占总种数的比例（%）
1.世界分布	36	8.02
2.泛热带分布	5	1.11
3.热带亚洲和热带美洲间断分布	3	0.67

分布区类型	种数	占总种数的比例（%）
4. 旧世界热带分布	15	3.34
5. 热带亚洲至热带大洋洲分布	6	1.34
6. 热带亚洲至热带非洲分布	1	0.22
7. 热带亚洲分布	9	2.00
8. 北温带分布	62	13.81
9. 东亚和北美洲间断分布	6	1.34
10. 旧世界温带分布	54	12.03
11. 温带亚洲分布	94	20.94
12. 地中海、西亚至中亚	0	0
13. 中亚分布	2	0.45
14. 东亚分布	60	13.36
15. 中国特有分布	96	21.38
合 计	449	100

布（8~11）性质216种，占总种数的48.12%；古地海分布（12~13）性质2种，占总种数的0.45%；东亚分布（14）性质60种，占总种数的13.36%；中国特有分布（15）性质96种，占总种数的21.38%。

3．区系特征

（1）生长型的统计与分析

生长型，生物体在其遗传结构限度内在所遇环境条件下发育形成的一般形态或外表特征。植物生长型是根据植物的可见结构分成的不同类群。植物的生长型反映植物生活的环境条件，相同的环境条件具有相似的生长型，是趋同适应的结果。根据Drude等人以植物外形和外貌，以及生活方式为基础的生长型分类方法，把沁河湿地维管束植物划分为乔木、灌木、蕨类、一年生草本和多年生草本5种生长型。

沁河湿地维管束植物中，草本植物的数量占绝对优势，共计419种，占维管束植物总种数的91.1%。其中，一年生草本151种，占草本植物总种数的36.0%，占维管束植物总种数的32.8%；多年生草本有268种，占草本植物总种数的64.0%，占维管束植物总种数的58.3%。

木本植物较少，共30种，占维管束植物总种数的6.5%，其中乔木13种，占木本植物总种数的43.3%，占维管束植物总种数的2.8%；灌木17种，占木本植物总种数的56.7%，占维管束植物总种数的3.7%。

蕨类植物最少，只有11种，占维管束植物总种数的2.4%。

（2）生态类型分析

依据植物与水和基质的关系，以及植物在湿地区域的实际分布状况，将沁河湿地维管束植物分为湿生植物、沼生植物、挺水植物、漂浮植物、浮叶植物、沉水植物以及盐沼植物共7类生态型，其中湿生植物271种，占总种数的55.99%，因此湿生植物是沁河湿地植物的主要组成部分；沼生植物包括酸模叶蓼、红蓼、毛茛等；挺水植物包括莲、慈姑、长苞香蒲等；漂浮植物主要为浮萍、紫萍等；浮叶植物为浮叶眼子菜等；沉水植物主要为金鱼藻、狐尾藻等；盐沼植物主要为碱地肤、盐地碱蓬等。

表8 沁河湿地植物生态型组成

植物类型		湿生	沼生	挺水	漂浮	浮叶	沉水	盐沼
蕨类植物		9	0	0	0	2	0	0
被子植物	单子叶植物	92	19	36	2	10	2	6
	双子叶植物	170	61	9	1	3	6	20
合计		271	80	45	3	15	8	26

图49 二色补血草 *Limonium bicolor*

一年生草本，高20~80cm，有时达1m多；茎直立，粗壮，单一或分枝。花期7~8月，果期8~9月。生在沁河湿地的田园内、农地旁、人家附近的草地上，有时生在瓦房上。一般说来，在水分充足而排水良好的条件下，小穗中开放的花多，花序也显得稠密；反之则花序较疏，小穗中能够开放的花也较少。

图50 瞿麦 *Dianthus superbus*

多年生草本，高50~60cm，有时更高。花萼圆筒形，常染紫红色晕，萼齿披针形，瓣片宽倒卵形，边缘繸裂至中部或中部以上，通常淡红色或带紫色，稀白色，喉部具丝毛状鳞片；雄蕊和花柱微外露。花期6~9月，果期8~10月。全草入药，有清热、利尿、破血通经功效。也可作农药、能杀虫。生于沁河周围的山地疏林下、林缘、草甸、沟谷溪边。

4. 资源植物

　　植物资源是在社会经济技术条件下人类可以利用与可能利用的植物。一种植物对人是否有用、有何用途，是由它的形态结构、功能和所含的化学物质所决定的。其中，花、叶、树型美丽的植物可做观赏植物；含油脂多的植物可以做油料作物；含淀粉多的植物可以做淀粉植物；含单宁多的可做鞣料植物等。

　　沁河湿地有着丰富的植物资源，其中药用植物资源最多，有197种，隶属于34科86属，占总种数的42.8%，如毛茛、浮叶眼子菜、华中铁角蕨、萹蓄、地肤、龙芽草、白芷、荆芥、泽泻、苦苣菜、龙蒿、款冬、酸浆、草芍药等；食用植物资源有143种，隶属于28科71属，占总种数的

图51 泽泻 *Alisma plantago-aquatica*
　　多年生水生或沼生草本。叶通常多数；沉水叶条形或披针形；挺水叶宽披针形、椭圆形至卵形。花白色，粉红色或浅紫色，花药椭圆形，黄色，或淡绿色。花果期5~10月。本种花较大，花期较长，用于花卉观赏。过去常与东方泽泻混杂入药，主治肾炎水肿、肾盂肾炎、肠炎泄泻、小便不利等症。

图52 酸浆 *Solanum septemlobum*

多年生草本，基部常葡匐生根 茎高约40~80cm，基部略带木质 叶长卵形至阔卵形，有时菱状卵形，花冠辐状，白色 果梗长约2~3cm，多少被宿存柔毛；果萼卵状，橙色或火红色，被宿存的柔毛，顶端闭合，基部凹陷；浆果球状，橙红色，柔软多汁。种子肾脏形，淡黄色 花期5~9月，果期6~10月 果可食和药用，可清热解毒、消肿。生于沁河流域河边湿地草甸上。

图53 诸葛菜 *Orychophragmus violaceus*
　　一年或二年生草本，高10~50cm，花紫色、浅红色或褪成白色。花期4~5月，果期5~6月。嫩茎叶用开水泡后，再放在冷开水中浸泡，直至无苦味时即可炒食。种子可榨油。摄于沁河流域武陟县沁河岸边。

图54 草芍药 *Paeonia obovata*
　　多年生草本。根粗壮，长圆柱形。茎高30~70cm，无毛，基部生数枚鞘状鳞片。花期5~6月中旬；果期9月。根药用，有养血调经、凉血止痛之效。生于沁河源头湿地公园的灌丛和林下。

31.1%，包括黄刺玫、沙蓬、藜、诸葛菜、风花菜、甘露子、慈姑等；工业用植物资源88种，隶属于19科63属，占总种数19.1%，有连翘、土荆芥、苍耳、近无刺苍耳、沼生薄菜等；防护和改造环境植物资源有65种，隶属于17科42属，占总种数的14.1%，如青杨、侧柏、垂柳、多枝柽柳等；植物种质资源有7种，隶属于7科7属，有桔梗、刺五加等。沁河湿地丰富的植物资源供给着人们的衣食住行，是整个流域的财富，在享受它无私付出的同时，更应该保护湿地生态。

图55 珠芽蓼 *Polygonum viviparum*
　　茎直立，高15~60cm，不分枝。生于沁河湿地的山坡草地及林缘处。花期5~7月，果期7~9月。珠芽蓼草质柔软，营养丰富，特别是果实成熟后富含蛋白质，全草是牛、马、羊喜爱的优良牧草。分布于沁河源头花坡、历山和祈城山等山地湿草甸群落中。

图56 东方草莓 *Fragaria orientalis*

多年生草本，高5~30cm。聚合果半圆形，成熟后紫红色，瘦果卵形。花期5~7月，果期7~9月。果实鲜红色，质软而多汁，香味浓厚，略酸微甜，可生食或供制果酒、果酱。摄于历山下川河河漫滩和沁源二郎神沟等湿地边缘。

（1）食用植物资源

蛋白质与氨基酸植物资源　植物蛋白质及氨基酸是人类和动物的营养物质，对增强体质、预防疾病有着重要的作用。许多植物茎叶和种子含有很高的蛋白质、氨基酸，作为食品或饲料中的优良添加剂，受到各国的关注。蛋白质、氨基酸的药用价值也有新的突破，利用氨基酸可制造羧甲淀粉，环丝氨基酸用于抗结核病等都有良好的临床效果。沁河湿地野生蛋白质植物如下：水蓼、珠芽蓼、藜、猪毛菜、野大豆、地锦、刺儿菜、荩草、稗、芦苇、高粱、香附子等。

饮料植物资源　沁河湿地野生和栽培的果树资源种类丰富，它们大多数含有极其丰富的维生素，这些天然饮料植物对人体具有不同的保健作用。如滋补、抗癌、安神、益智、降脂减肥、抗衰老、软化血管等，其中有不少珍品。有些已经被用于制作果汁、果脯或用于酿制果酒。饮料植物可分为常规饮料植物和保健饮料植物。沁河湿地野生饮料植物主要是保健

图57 蕨麻 *Potentilla anserina*

多年生草本。单花腋生，萼片三角卵形，花瓣黄色，倒卵形、顶端圆形，花柱侧生，小枝状，柱头稍扩大。广泛分布于沁河湿地的河漫滩、河岸草甸、路边和山坡草地。蕨麻根茎中含有大量的淀粉、蛋白质、脂肪、无机盐和维生素，可加工食品供食用，常食有延年益寿的功效，因此被人们美誉为"草本人参果"。

图58 反枝苋 *Amaranthus retroflexus*

一年生草本，高20~80cm，有时达1m多；圆锥花序顶生及腋生，直立，由多数穗状花序形成。花期7~8月，果期8~9月。生在沁河沿岸的田园内、农地旁、村落附近的草地上，有时也见于季节性河流湿地。嫩茎叶为野菜，也可做家畜饲料。

图59 蒲公英 *Taraxacum mongolicum*

多年生草本。根圆柱状，黑褐色，粗壮。叶倒卵状披针形、倒披针形或长圆状披针形。瘦果倒卵状披针形，暗褐色，上部具小刺，下部具成行排列的小瘤。冠毛白色，长约6mm。花期4~9月，果期5~10月。广泛分布于沁河湿地草甸、河滩草甸。

饮料植物：如东方草莓等。

饲料植物资源　能够直接或经过加工调制后被用于饲喂家畜、家禽，并可为它们的生长繁殖提供营养和生产各种产品的植物资源都可称作饲料。饲料植物是畜牧业可持续发展的物质基础。沁河湿地饲料植物品种多样，贮量丰富。沁河湿地野生饲料植物如：蕨麻、酸模叶蓼、西伯利亚

图60　独行菜　*Amaranthus retroflexus*

一年或二年生草本，总状花序在果期可延长至5cm；花瓣不存或退化成丝状；短角果近圆形或宽椭圆形，扁平；种子椭圆形，平滑，棕红色。花果期5~7月。嫩茎叶为食药两用野菜，有治痢疾的功效，也是优良的家畜饲料。

图61　委陵菜　*Amaranthus retroflexus*

多年生草本。根粗壮，圆柱形，稍木质化。花茎直立或上升，高20~70cm，被稀疏短柔毛及白色绢状长柔毛。伞房状聚伞花序，花瓣黄色，宽倒卵形，顶端微凹。瘦果卵球形，深褐色，有明显皱纹。花果期4~10月。

蓼、珠芽蓼、沙蓬、藜、灰绿藜、杂配藜、地肤、猪毛菜、凹头苋、反枝苋、马齿苋、独行菜、风花菜、二裂叶委陵菜、委陵菜、匍匐委陵菜、刺儿菜、蒲公英、马唐、稗等。

野菜植物资源　野菜具有无污染且营养极为丰富的优点，具有独特的山野美味，是真正的绿色食品。野菜还能防病、治病，有良好的保健作用。野菜已日益引起重视并受到人们的欢迎。沁河湿地地域辽阔，野

图62 牛蒡 *Arctium lappa*

生植物资源十分丰富，特别是野菜的品种繁多，因此开发利用野菜在经济上有重要意义。沁河湿地可以作为野菜的植物有：独行菜、委陵菜、附地菜、枸杞、反枝苋、凹头苋、藜、龙牙草、马齿苋、蒲公英、酸模、刺儿菜。

具体介绍几种可以做野菜的菊科植物：

小蓬草：旋覆花生于山坡路旁、河边湿地。和尚菜生于山坡林下、山沟阴地、溪边。鳢肠生于田边路旁、河沟边。狼把草生于河边及河边湿地。野艾蒿生于路旁、山

图63 泥胡菜 *Hemistepta lyrata*

一年生草本，高30~100cm。小花紫色或红色，花冠裂片线形。瘦果小，楔状或偏斜楔形，长2.2mm，深褐色。冠毛异型，白色，两层，外层冠毛刚毛羽毛状，长1.3cm，基部连合成环，整体脱落。花果期3~8月。

坡、灌丛、山谷，它们的嫩茎叶均可食用。其食用方法为：汆烫后，清水浸泡漂洗除去苦味或异味。可炒食、凉拌、做汤，色泽翠绿，鲜嫩可口；或细切后，作馅或和面做蔬菜面食；或煮菜粥，也可盐渍成泡菜食用；还可以做干菜、速冻野菜等。

牛蒡：生于沟底林中、山顶岩石、山谷阴处、水边，其嫩芽与根均可食用。

泥胡菜：生于山谷、田边、河边。苦苣菜生于山坡、路旁、水边、荒地。苦荬菜生于山坡草地、田边路旁、河滩溪边。蒲公英生于山坡、路旁、水边、草地。它们的嫩茎叶和幼苗均可食用。

所有这些菊科野菜类似于其他野菜食品，常有一般蔬菜所没有的特殊风味，且富含人体所必需的氨基酸、蛋白质、脂肪、糖、膳食纤维、微量元素和维生素等营养物质，营养价值普遍高于或远远高于大白菜和包心菜等日常蔬菜。且该保护区菊科野生食用植物大都具有清热解毒、消肿散结的功效，能集滋补与食疗于一身。

图64 葎草 *Humulus scandens*
缠绕草本，茎、枝、叶柄均具倒钩刺。叶纸质，肾状五角形。花期春夏，果期秋季。本草可作药用，茎皮纤维可作造纸原料，种子油可制肥皂，果穗可代啤酒花。常生于沁河周边沟边、荒地、废墟、林缘边。

图65　蝎子草 *Girardinia suborbiculata* 一年生草本。茎高30~100cm，麦秆色或紫红色疏生刺毛和细糙伏毛，几不分枝。叶膜质，宽卵形或近圆形。花雌雄同株，瘦果宽卵形，双凸透镜状，长约2mm，熟时灰褐色，有不规则的粗疣点。花期7~9月，果期9~11月。生于沁河流域的林下沟边或住宅旁阴湿处。

图66　芦苇 *Phragmites australis* 多年生草本，根状茎十分发达。秆直立，高1~3m。叶鞘下部者短于上部者；叶片披针状线形，无毛，顶端长渐尖成丝形。圆锥花序大型；雄蕊3枚，花药长1.5~2mm，黄色；颖果长约1.5mm。为高多倍体和非整倍体的植物。芦苇在沁河上广泛分布。

（2）工业用植物资源

纤维植物资源　纤维植物除大量用于造纸、纺织、绳索、编织、包装用品、填充料外，还可生产多种有价值的化工原料，如通过水解制取果胶酸、乙酰丙酸、纤维素的醋酸酯被用于生产人造纤维、人造羊毛、赛璐珞、电影胶片、塑料工业生产聚氯乙烯树脂的增塑剂、合成植物生长调节剂或落叶剂。纤维植物开发研制必将越来越向更深层次发展。沁河湿地野生纤维植物分类如下：葎草、假苇拂子茅、稗、蝎子草等。

造纸原料植物　青檀、青杨、白茅、芦苇、荻等。

芦苇茎秆坚韧，纤维含量高，是造纸工业中不可多得的原材料。余亚

图67 木香薷 *Elsholtzia stauntoni*
直立半灌木，高0.7~1.7m。花冠玫瑰
红紫色，长约9mm。花柱与雄蕊等长或略
超出。花、果期7~10月。生于沁河湿地的
谷地溪边，在丹河、沁水河、下川河等沿
岸生长十分普遍。

图68 薄荷 *Mentha haplocalyx*
多年生草本。茎直立，高30~60cm。
叶片长圆状披针形，披针形。轮伞花序腋
生，轮廓球形。小坚果卵珠形，黄褐色，
具小腺窝。花期7~9月，果期10月。生于
沁河湿地的水旁潮湿地。薄荷做药用，有
清热消暑、清肺化痰、利咽消炎的功效

飞诗称："浅水之中潮湿地，婀娜芦苇一丛丛；迎风摇曳多姿态，质朴无华野趣浓。"

芳香植物资源 香料、香精用途较广，与人们生活息息相关，随着加香产品的增多，促使香料工业获得更大的发展。近年来，天然植物香料香精的需求愈来愈多，除食品、卷烟、酒、糖果、牙膏、香皂、日用和化妆品生产中有广泛应用外，已在除菌、驱虫和香化、净化环境、清洁剂等方面广为应用。在治疗冠心病、抗肿瘤等医疗方面也已取得了明显的疗效。利用芳香植物所含萜烯化合物，可生产有价值的产品，如用松节烯生产鸢尾酮，利用柠檬醛生产紫罗兰酮和维生素A等。芳香植物资源具有较大开发潜力。沁河湿地野生芳香植物如下：海州常山、薄荷、野艾蒿、香附子等。

薄荷的植物文化：冥王哈迪斯爱上了美丽的精灵曼茜，引起了冥王的妻子佩瑟芬妮的嫉妒。为了使冥王忘记曼茜，佩瑟芬妮将她变成了一株不起眼的小草，长在路边任人踩踏。可是内心坚强善良的曼茜变成小草后，她身上却拥有了一股令人舒服的清凉迷人的芬芳，越是被摧折踩踏就越浓烈。虽然变成了小草，她却被越来越多的人喜爱。人们把这种草叫薄荷。人生难免有许多错过的人或者事物，能再次相遇、相亲和相爱的机会几乎没有，但越是没有就越是想念。薄荷虽然是一种平淡的花，但它的味道沁人心脾，清爽从每一个毛孔渗进肌肤，身体里每一个细胞都通透了，那是一种很幸福的感觉，会让那些曾经失去过的人得到一丝安慰，所以薄荷的花语是"愿与你再次相逢"和"再爱我一次"。此外，它还有一种花语是"有德之人"。

野生鞣料植物资源 植物性鞣料，或鞣料浸膏是制革工化中鞣制生皮革的化工原料。鞣料广泛存在于富含单宁的植物体内。这些植物的树皮、果实、果壳、根、茎、叶，经粉碎、浸提、蒸发和干制等加工工艺即可制得，其产品称为栲胶，具有较高的利用价值。沁河湿地鞣料植物如下：胡桃楸、狭叶荨麻、皱叶酸模、毛脉酸模、小丛红景天等。

野生染料植物资源 染料与人们的日常生活息息相关。染料植物中

图69 天仙子 *Hyoscyamus niger*

二年生草本，高达1m，全体被黏性腺毛。夏季开花、结果。常生于沁源县沁河支流狼尾河边。根、叶、种子药用，含莨菪碱及东莨菪碱，有镇痉镇痛之效，可作镇咳药及麻醉剂。种子油可供制肥皂。

图70 狼毒 *Stellera chamaejasme*

多年生草本，高20~50cm。狼毒是有毒植物，其毒性较大，可以杀虫；根入药，有祛痰、消积、止痛之功能，慎用。常外敷治疗疥癣。生于沁河源头花坡、析城山、历山等亚高山草甸。

图71 蛇床 *Cnidium monnieri*

一年生草本，高10~60cm。茎直立或斜上，多分枝，中空，表面具深条棱，粗糙。下部叶具短柄，叶鞘短宽，边缘膜质，上部叶柄全部鞘状；小伞形花序具花，花瓣白色。分生果长圆状，横剖面近五角形，主棱5，花期4~7月，果期6~10月。果实"蛇床子"入药，有燥湿、杀虫止痒、壮阳之效，治皮肤湿疹、阴道滴虫、肾虚阳痿等症。

图72 牛扁 *Aconitum barbatum* var. *puberulum*

多年生草本。根近直立，圆柱形。基生叶2~4片；叶片肾形或圆肾形，三全裂；叶柄基部具鞘。顶生总状花序，轴及花梗密被短柔毛；萼片黄色；花瓣无毛；花丝全缘。蓇葖被短毛。种子倒卵球形，褐色，密生横狭翅。花期7~8月。根供药用，治腰腿痛、关节肿痛等症。在山西阳城一带用牛扁的根煮水可灭虱。生沁河湿地的山地疏林下或较阴湿处。

图73 / 马蔺 *Iris lactea var. chinensis*

多年生密丛草本。花期5~6月，果期 6~9月。马蔺习性耐盐碱、耐践踏，根系发达，可用于水土保持和改良盐碱土；叶在冬季可作牛、羊、骆驼的饲料，并可供造纸及编织用；根的木质部坚韧而细长，可制刷子；花和种子入药，马蔺种子中含有马蔺子甲素，可作口服避孕药。

图74 水蔓青 *Veronica linariifolia*
多年生草本。株高30~80cm，被毛。总状花序长穗状，花冠淡蓝紫色，少白色。蒴果，卵球形。花期6~8月，果期7~9月。生于沁河湿地的山坡草地、灌丛间或路边阳光充分的地方。叶味甜，采苗炸熟，油盐调食。亦可药用，地上部分全草入药，有清肺、化痰、止咳、解毒的作用。治慢性气管炎，咳叶脓血；外用治皮肤湿疹，疖痈疮疡。

含有赤、橙、黄、绿、青、蓝、紫等植物色素，它们存在于根、茎、叶、花、果实等部位，是一种重要的化工原料。沁河湿地野生染料植物如：杜梨、黄连木、毛冻绿等。

药用植物资源 植物药因其疗效显著、药效持久、作用独特、毒副作用小等特点而成为西药不可替代的医药产品，因而备受欧、美、日等发达国家关注，成为对外贸易的重要产品。沁河湿地野生药用植物如下：天仙子、狼毒、牛扁、白屈菜、蛇莓、泽漆、蛇床、白英、龙葵、牛扁、蒲公英、马蔺等。

（3）环境植物资源

植物在自然界中的作用是不可替代的。一方面，植物吸收二氧化碳，

图75 秦艽 *Gentiana macrophylla*
多年生草本，高30~60cm。莲座丛叶卵状椭圆形或狭椭圆形。花多数，无花梗，花冠筒部黄绿色。蒴果内藏或先端外露，卵状椭圆形，种子红褐色，有光泽，矩圆形，表面具细网纹。花果期7~10月。生于沁河流域的河滩、路旁、水沟边、山坡草地、草甸、林下及林缘。

图76 翠雀 *Delphinium grandiflorum*
茎高35~65cm，与叶柄均被反曲而贴伏的短柔毛，上部有时变无毛，等距地生叶，分枝。基生叶和茎下部叶有长柄；叶片圆五角形。萼片紫蓝色，椭圆形或宽椭圆形，外面有短柔毛，距钻形，直或末端稍向下弯曲；花瓣蓝色，无毛，顶端圆形；蓇葖直，种子倒卵状四面体形，沿棱有翅。5~10月开花。生于沁河流域的山地草坡或丘陵砂地。

图77 蓝刺头 *Echinops sphaerocephalus*

多年生草本，高50~150cm。茎单生，上部分枝长或短，粗壮，全部茎枝被稠密得多细胞长节毛和稀疏的蛛丝状薄毛。全部叶质地薄，纸质，两面异色，上面绿色，被稠密短糙毛，下面灰白色，被薄蛛丝状绵毛。头状花序长2cm。全部苞片14~18个。小花淡蓝色或白色，花冠5深裂。瘦果倒圆锥状。花果期8~9月。生于沁河湿地的山坡林缘或渠边。

图78 唐菖蒲 *Gladiolus gandavensis*

多年生草本。花在苞内单生，两侧对称，有红、黄、白或粉红等色，花药条形，红紫色或深紫色，花丝白色。花期7~9月，果期8~10月。在丹河湿地、沁水河湿地公园有栽培，供观赏。

放出氧气；另一方面，有些植物不仅可以起到监测环境的作用，而且本身可以吸收有毒物质，净化环境。我们要加强对防治环境污染植物的选育，加速绿化进程，发挥植物净化、美化环境的特殊功能。沁河湿地环境保护植物有青杨、旱柳、地肤等。

绿化和观赏植物资源　现代生活中离不开休闲和旅游，而休闲和旅游又离不开绿色和自然。鲜花、草坪和绿树不但可以使人赏心悦目、陶冶性情，而且可以消除疲劳，放松紧张的心情，缓解工作的压力。所以，高品质的生活离不开绿化和观赏植物。沁河湿地野生绿化和观赏植物如下：

旱柳、红蓼、秦艽、马齿苋、繁缕、翠雀、香薷、枸杞、曼陀罗、玉竹、蓝刺头、唐菖蒲、铃兰等。

珍稀濒危植物　种质资源又称遗传资源。种质系指农作物亲代传递给子代的遗传物质，它往往存在于特定品种之中。如古老的地方品种、

图79　刺五加
Acanthopanax senticosus
灌木，高1~6m；分枝多，一、二年生的通常密生刺；刺直而细长，针状，下向，叶有小叶5片，稀3片；叶柄常疏生细刺；小叶片纸质，椭圆状倒卵形或长圆形。伞形花序单个顶生，或2~6个组成稀疏的圆锥花序，花紫黄色；萼无毛，边缘近全缘或有不明显的5小齿；花瓣5，卵形，长2mm。果实球形或卵球形，有5棱，黑色，直径7~8mm。花期6~7月，果期8~10月。生于沁河上游的柏子河峡谷湿地边缘的森林或灌丛中，为国家级重点保护野生植物。

图80 桔梗 *Platycodon grandiflorus*

茎高20~120cm，叶全部轮生。花单朵顶生，或数朵集成假总状花序，花冠大，蓝色或紫色。花期7~9月。生于沁河湿地沿岸的山坡向阳处草丛、灌丛中，见于阳城县小尖山。

图81 刺楸
Kalopanax septemlobus

国家珍稀濒危物种，喜阳光充足和湿润的环境，稍耐阴，水湿丰富、土层深厚、疏松且排水良好的中性或微酸性土壤中生长。刺楸叶形美观，叶色浓绿，树干通直挺拔，满身的硬刺在诸多园林树木中独树一帜，既能体现出粗犷的野趣，又能防止人或动物攀爬破坏。图摄于沁河源头的灵空山国家级自然保护区。

图82 南方红豆杉 *Taxus chinensis*
国家一级重点保护野生植物，是中国亚热带至暖温带特有成分之一。常绿乔木，耐荫树种，喜温暖湿润的气候，通常生长于山脚腹地较为潮湿处。图摄于沁河流域阳城县蟒河。

新培育的推广品种、重要的遗传材料以及野生近缘植物，都属于种质资源的范围。

　　沁河湿地植物种质资源有：刺五加、桔梗、南方红豆杉、刺楸。刺五加生于山坡林中及路旁灌丛中；药圃常有栽培。根皮祛风湿、强筋骨，泡酒制五加皮酒（或制成五加皮散）。根皮含挥发油、鞣质、棕榈酸、亚麻仁油酸、维生素A、维生素B_1。别名包袱花、铃铛花、僧帽花，是多年生草本植物，茎高20～120厘米，通常无毛，偶密被短毛，不分枝，极少上部分枝。叶全部轮生，部分轮生至全部互生，无柄或有极短的柄，叶片卵形，卵状椭圆形至披针形，叶子卵形或卵状披针形，花暗蓝色或暗紫白色，可作观赏花卉；其根可入药，有止咳祛痰、宣肺、排脓等作用，中医常用药。

四、植被类型

　　植被就是一定地区内植物群落的总体。植物群落是构成植被的基本单位。环境因素如光照、温度和湿度等会影响植物的生长和分布，因此形成了不同的植被。植被可以因为生长环境的不同而被分类，譬如高山植被、草原植被、湿地植被等。

　　植物与环境能够和谐一致，是长期自然选择的结果。结合沁河湿地的植被类型特征，以植物种类组成、群落外貌和结构、生态环境、动态特征为基本原则，将沁河湿地植被划分为木本群落、湿生植被、沼泽植被、水生植被等类型。

表10　沁河湿地植被类型

植被型	群落	学名
木本群落	杨树群落	Form. *Populus* spp.
	柳树群落	Form. *Salix* spp.
	沙棘群落	Form. *Hippophae rhamnoides*
	杨柳群落	Form. *Populus avidiana+Salix matsudana*
	柽柳群落	Form. *Tamarix chinensis*
	杠柳群落	Form. *Periploca sepium*
	荆条群落	Form. *Vitex negundo* var. *heterophylla*
	连翘群落	Form. *Forsythia suspensa*
	白刺花群落	Form. *Sophora davidii*
湿生植被	薹草群落	Form. *Carex* spp.
	拂子茅群落	Form. *Calamagrostis epigeios*
	狗尾草群落	Form. *Setaria viridis*
	蒲公英群落	Form. *Taraxacum mongolicum*
	风毛菊群落	Form. *Saussurea japonica*
	鬼针草群落	Form. *Bidens pilosa*

植被型	群落	学名
	刺儿菜群落	Form. *Cirsium setosum*
	大画眉草群落	Form. *Eragrostis cilianensis*
	蒿群落	Form. *Artemisia*
	旋覆花群落	Form. *Inula japonica*
	酸模群落	Form. *Rumex acetosa*
	酸模叶蓼群落	Form. *Polygonum hydropiper*
	红蓼群落	Form. *Polygonum orientale*
	节节草群落	Form. *Equisetum ramosissimum*
	蕨麻+旋覆花群落	Form. *Potentilla anserina+Inula japonica*
	蕨麻+寸草群落	Form. *Potentilla anserina+Carex duriuscula*
	毛茛群落	Form. *Ranunculus japonicus*
	野燕麦群落	Form. *Avena fatua*
	藜群落	Form. *Chenopodium album*
	千屈菜群落	Form. *Lythrum Salicaria*
	山野豌豆群落	Form. *Vicia amoena*
	反枝苋群落	Form. *Amaranthus retroflexus*
	毛蕊老鹳草群落	Form. *Geranium platyanthum*
	白茅群落	Form. *Imperata cylindrica*
	芦苇群落	Form. *Phragmites australis*
	芦竹群落	Form. *Arundo donax*
	风花菜群落	Form. *Juncellus serotinus*
沼泽植被	水莎草群落	Form. *Juncellus serotinus*

植被型	群落	学名
	狭叶香蒲群落	Form. *Typha angustifolia*
	小香蒲群落	Form. *Typha minima*
	香蒲群落	Form. *Typha orientalis*
	香蒲+泽泻群落	Form. *Typha orientalis+Alisma plantago−aquatica*
	小灯心草群落	Form. *Juncus bufonius*
水生植被	金鱼藻群落	Form. *Ceratophyllum demersum*
	菹草群落	Form. *Potamogeton crispus*
	眼子菜群落	Form. *Potamogeton distinctus*
	水绵群落	Form. *Spirogyra* spp.
	牛毛毡群落	Form. *Heleocharis yokoscensis*
	普生轮藻群落	Form. *Chara vulgaris*

1. 木本群落

杨树群落(Form. *Populus* spp.)

杨树性较耐寒、喜光、速生；沿河两岸、山坡和平原都能生长。杨树群落以杨属植物为主，主要有小叶杨、青杨、北京杨、毛白杨等，主要分布于沁源县沁河镇、交口镇，安泽县和川镇、马壁乡，沁水县苏庄乡、嘉峰镇等地的河岸两侧，常为杨林的建群种或优势种出现。高度5~17m，胸径4~22cm，伴生有中华柳，乔木层盖度30%~60%；灌木层缺乏，盖度仅10%左右；草本层盖度40%~60%，常见物种有狗尾草、狼杷草、两型豆、灯心草、芦苇、赖草、水杨梅等。

柳树群落(Form. *Salix* spp.)

柳树多为灌木，稀乔木。本属植物多喜湿润，常生于水边并伴有水生根。柳树群落主要有垂柳、旱柳、馒头柳等，主要分布于沁源县沁河

图83 河岸防护林——杨林

镇、交口镇，安泽县和川镇、马壁乡，沁水县苏庄乡、嘉峰镇等地的沁河河岸两侧。乔木层盖度20%~50%，高度7~18m，胸径最大可达80cm；

图84 柳林群落

灌木层缺乏；草本层盖度30%~65%，常见物种有蒲公英、狗尾草、野艾蒿等。

沙棘群落 (Form. *Hippophae rhamnoides*)

该群落分布于沁河源头紫红河、柏子河等河岸湿地，积水处水温25℃，pH酸碱度6.5，潜水位于14~40cm，取样面积4m×5m。建群种沙棘适应能力强，在河漫滩分布较广，群落呈灰绿色，沙棘盖度90%，平均树高2.4m，最高可达5.8m，多度为9~11株/20m^2，一般冠幅4.0×4.1m^2，最大冠幅为4.6×4.6m^2。沙棘具有极其重要的改土护堤和保持水土作用，同时也是优良的放牧草地，沙棘果实可食。第二层伴生种有赖草，株高26cm，

图85 沙棘群落

盖度70%；艾蒿高度19cm，盖度数20%；另外还有大车前等。偶见种有旋覆花、茜草、大刺儿菜等。

杨柳群落 (Form. *Populus davidiana*+*Salix matsudana*)

杨柳林主要分布于阳城县白桑乡沁河沿岸、沁源县李家庄水库等地。乔木层盖度20%~50%，共优种为山杨、旱柳，高度7~15m，胸径10~23cm；灌木层缺乏；草本层盖度20%~50%，常见物种有蒲公英、狗尾草、野艾蒿等。

图86 分布于安泽县城郊的杨柳群落

柽柳群落 (Form. *Tamarix chinensis*)

柽柳枝叶纤细悬垂，一年开花三次，鲜绿粉红花相映成趣，极具观赏

图87 沁河入黄河河口处的柽柳群落

价值。柽柳灌丛多分布于武陟县小董乡、北郭乡、三阳乡等地沁河入黄河河口的潮湿盐碱地及沙荒地上，柽柳盖度10%~40%，高度0.2~0.6m，冠幅0.2m×0.2m~0.4m×0.3m；草本层盖度15%~50%，常见物种有披针薹草、碱菀、狗尾草等。

杠柳群落 (Form. *Periploca sepium*)

杠柳为落叶蔓性灌木，根皮、茎皮可药用，其根皮在我国北方称"北五加皮"，该群系分布于阳城县润城镇、白桑乡、东冶镇，泽州县南寨

图88 杠柳群落

图89 杠柳群落

乡、南岭乡等地，灌木层盖度30~55%，优势种为杠柳，高度0.8~1.2m，冠幅0.3m×0.2m~0.4m×0.4m，基径0.8~1.5cm，常伴生有黄刺玫、荆条、酸枣等；草本层盖度30%~50%，常见物种有披针薹草、野艾蒿、早开堇菜等。

荆条群落 (Form. *Vitexnegundo* var. *heterophylla*)

荆条是喜暖，根系发达，萌芽力强，适应性广的灌木树种。荆条灌丛分布于沁源县交口镇、安泽县冀氏镇、和川镇，泽州县山河镇和丹河峡谷等地，灌木层盖度40%~65%，优势种为荆条，高度1.2~2.0m，冠幅0.8m×0.6m~2.0m×1.5m，基径1.1~2.0cm，伴生有荆条、黄刺玫等；草本层盖度30%~60%，常见物种有黄花蒿、披针薹草、野艾蒿等。

图90 荆条群落

连翘群落 (Form. *Forsythia suspensa*)

连翘萌生能力强，生长迅速，春季先叶开花，群落外貌呈现金黄色景观。一般呈散生和丛状分布。连翘灌丛分布于沁源县交口镇、沁河镇，安泽县和川镇、府城镇、冀氏镇、马壁乡，沁水县下川、郑庄镇、端氏镇、阳城县蟒河、芦苇河、析城山等地沁河两岸的坡地上。灌木层盖度

图91 安泽连翘古称"岳阳连翘"，安泽全县产量为全国总产量的四分之一，素有"全国连翘生产第一县"之称，安泽连翘获地理标志保护产品。

图92 连翘特写

35%~55%，优势种为连翘，高度0.3~1.5m，冠幅0.2m×0.2m~2.0m×1.5m，基径0.5~1.2cm，伴生有金花忍冬、黄刺玫、土庄绣线菊等；草本层盖度30%~60%，常见物种有苍术、荩草、黄背草、狗尾草、瓣蕊唐松草等。

白刺花群落 (Form. *Sophora davidii*)

白刺花根系发达，分枝分蘖能力强。白刺花灌丛是森林植被严重破坏后形成的较稳定的群落，盛花期形成该群落特有的白色景观，该群丛主要分布于阳城县白桑乡，沁水县嘉峰镇，武陟县小董乡等地沁河沿

图93 分布于张峰水库区的白刺花群落

图94 白刺花特写

岸的阳坡上，灌木层盖度30%~70%，优势种白刺花高度0.5~1.5m，冠幅 0.5m×0.2m~2.0m×1.3m，伴生有荆条、杠柳等；草本层盖度35%~50%，常见物种有碱菀、阿尔泰狗娃花、草木樨状黄耆等。

2. 湿生植被

薹草群落 (Form. *Carex* spp.)

薹草地下根茎发达，在湿润土壤中发育良好。薹草群落以薹草属植物为主，主要有披针薹草、异鳞薹草、宽叶薹草、东陵薹草等，主要分布于安泽县和川镇、马壁乡，沁水县苏庄乡、嘉峰镇等地河边潮湿地上，高度10~28cm，盖度30%~60%，常伴生有蒴萝蒿、紫菀、车前等。

拂子茅群落 (Form. *Calamagrostis epigeios*)

拂子茅为牲畜喜食牧草，根茎顽强，是固定泥沙、保护河岸的良好

图95 异鳞薹草种群　　　　　　　图96 拂子茅群落

物种，分布于沁水县端氏镇、阳城县白桑乡、武陟县阳城乡等地的河岸沟渠旁，高度25~100cm，盖度20%~70%，伴生有芦苇、刺儿菜等。

狗尾草群落 (Form. *Setaria viridis*)

狗尾草的小穗上结满了千百颗籽粒，毛茸茸的摇曳在风里，仿佛调

图97 狗尾草群落

皮的小狗在抖动着尾巴。狗尾草的花语是坚韧、不被人了解的爱。把三支狗尾巴草编成麻花辫状，辫成一条，根据手指的大小，然后弯个圈打成结，带到手指上，代表私定终身。狗尾草草丛广布于沁河沿岸。高度5~55cm，盖度20%~60%，伴生有葎草、黄花蒿、野艾蒿、旋覆花等。

图98 蒲公英群落

图99 风毛菊特写

蒲公英群落 （Form. *Taraxacum mongolicum*）

蒲公英别名婆婆丁，于每年4~9月开花，5~10月结果并散布种子，届时漫天飞舞，极具观赏价值。蒲公英分布于沁源县沁河镇、交口镇，沁水县苏庄乡、端氏镇，武陟县小董乡等地沁河两岸的坡地和草地，盖度30%~70%，优势种为蒲公英，高度2~15cm，常伴生有车前、羊草等。

风毛菊群落 （Form. *Saussurea japonica*）

二年生草本，全草入药，能祛风活络、散瘀止痛，主治风湿关节痛、腰腿痛、跌打损伤、感冒头痛等。主要分布于沁水县郑庄镇、苏

图100 鬼针草群落

庄乡的山坡路旁、山谷、林下或灌丛地区，平均高度1m左右，盖度30%左右，伴生种有假苇拂子茅、黄花蒿等。

鬼针草群落 (Form. *Bidens pilosa*)

鬼针草为一年生草本，为我国民间常用草药，有清热解毒、散瘀活血的功效。该群落在沁河沿岸均有分布，草本层盖度为20%~40%，优势种为鬼针草，高度10~18cm，伴生有车前、薄荷、水芹、翠雀等。

刺儿菜群落 (Form. *Cirsium setosum*)

刺儿菜为多年生草本，花紫红色或白色，是一种优质野菜，富含多种维生素和微量元素。该群落在沁河沿岸均有分布，草本层盖度为20%~50%，优势种为刺儿菜，高度为15~30cm，伴生有葎草、披针薹草、狗尾草等。

图101 刺儿菜群落　　　　　　图102 大画眉草群落

大画眉草群落 (Form. *Eragrostis cilianensis*)

一年生草本。茎粗壮，基部常膝曲。可作青饲料；全草入药，具有疏

图103 蒿群落

风清热、利尿的功效，主治水肿、目赤等。主要分布于安泽县马壁乡、沁水县端氏镇等地的荒芜草地上。草本层盖度为30%~50%，优势种为大画眉草，高可达0.8m，伴生有葎草、披针薹草、狗尾草等。

蒿群落 (Ass. *Artemisia* spp.)

广泛分布在沁河两岸的一级阶地和近河漫滩的砂土或冲积物地段，本流域季节性支流的河漫滩和河岸更为常见。建群种以蒿属的耐湿种类为主，常见的有牛尾蒿、黄花蒿、阴地蒿、青蒿、野艾蒿等。生长茂密，群落的

图104 旋覆花

图105 沁河河口湿地酸模群落

图106 湿地旱化形成的酸模群落

盖度一般在70%以上，优势种的高度可达1m，伴生种有问荆、薹苔草、赖草、菊叶香藜；偶见芦苇、稗草、狗尾草等。

旋覆花群落 (Form. *Inula japonica*)

旋覆花又名金佛花，为多年生草本，盛花期黄花、黄蕊，非常好

图107 酸模叶蓼群落

看。该群落在沁河沿岸均有分布，草本层覆盖度为30%~50%，优势
种为旋覆花，高度为20~40cm，伴生有千屈菜、黄花蒿、蛇床等。

酸模群落（Form. *Rumex acetosa*）

酸模为多年生草本，5~7月开花，全草可入药，有凉血、解毒之效，嫩茎、叶可作蔬菜及饲料。酸模群落于武陟县西陶镇、大虹桥乡等地的沁河沿岸均有分布，盖度20%~45%，优势种为酸模，高度15~40cm，常见伴生种有节节草、莎草等。

酸模叶蓼群落(Form. *Polygonum hydropiper*)

酸模叶蓼为一年生草本，穗

图108 红蓼群落

状花序腋生或顶生。该群落在沁河水边或水中均有分布，草本层盖度为30%~50%，优势种为水蓼，高度为10~18cm，伴生有荩草、薹草、鬼针草等。

红蓼群落 (Form. *Polygonum orientale*)

该群落分布于整个沁河沿河潮湿地上。群落总盖度为40%~65%。优势种为红蓼，株高25~150cm，盖度30%~60%。伴生种有慈菇、水葱，株高20~25cm，盖度5%。有时还有野艾蒿、苍耳、北水苦荬等。

蕨麻+旋覆花群落 (Form. *Potentilla anserina+Inula japonica*)

图109　蕨麻+旋覆花群落

蕨麻为多年生草本，含有淀粉、蛋白质、脂肪、无机盐和维生素，故常食之，有人参延年益寿的功效，因此被人们美誉为"人参果"。旋覆花为多年生草本，对免疫性肝损伤有保护作用，其化学成分天人菊内酯有抗癌作用。该群落分布于沁源县中峪乡，安泽县府城镇、马壁乡，阳城县白桑乡、东冶镇等地的沁河两岸，草本层盖度为20%~40%，蕨麻和旋覆花为共优种，其中蕨麻高度为5~10cm，旋覆花高度为10~30cm，伴生有中华隐

图110 蕨麻+寸草群落

子草、披针薹草等。

蕨麻 + 寸草群落(Form. *Potentilla anserina*+*Carex duriuscula*)

蕨麻、寸草均为多年生草本，蕨麻4~10月开花，群落外貌呈现黄色景观。蕨麻+寸草群落分布于沁源县交口镇、中峪乡，阳城县润城镇、白桑乡等地的沁河河岸，盖度35%~60%，共优种为蕨麻、寸草，高度2~10cm，常伴生有莎草、车前等。

毛茛群落 (Form. *Ranunculus japonicus*)

毛茛于4~9月开花，黄色小花在万绿中增添了一抹别样的色彩。毛茛群落在沁河沿岸的田沟旁均有分布，盖度20%~50%，优势种为毛

图111 毛茛群落

图112 野燕麦群落

图113 藜群落

葨，高度10~25cm，常伴生有黄刺玫、车前等。

野燕麦群落 (Form. *Avena fatua*)

一年生草本。果实可入药，具有补虚、敛汗、止血的功效。分布于安泽县和川镇、武陵县阳城乡等荒地中。高度可达1m，盖度40%～60%，伴生种有藿香、酸模叶蓼等。

藜群落 (Form. *Chenopodium lbum*)

图114 千屈菜群落

幼苗可作蔬菜用，茎叶可喂家畜。全草又可入药，能止泻痢，止痒，可治痢疾腹泻等。该群落在沁河沿岸均有分布，草本层盖度为30%~50%，优势种为藜，高度8~20cm，同时伴生有狗尾草、披针薹草、野艾蒿等。

千屈菜群落（Form. *Lythrum Salicaria*）

千屈菜为多年生草本，全草入药，对肠炎、痢疾、便血以及外伤出血有很好的效果。其花红紫色或淡紫色，每到7~9月的花期，紫色花海煞是好看。千屈菜群落分布于沁源县交口镇、中峪乡，安泽县和川镇、冀氏镇等地沁河河岸，盖度40%~60%，优势种为千屈菜，高度20~50cm，常伴生有芦苇、水莎草、薹草等。

节节草群落 (Form. *Equisetum ramosissimum*)

节节草为一年生披散蕨类植物。全草药用，能消热、散毒、利尿。花汁可作青碧色颜料，用于绘画。该群落分布于沁源县沁河镇，安泽县和川镇、府城镇、冀氏镇、马壁乡，沁水县郑庄镇、端氏镇等地的沁河两岸，优势种为节节草，高度15~30cm，同时伴生有披针薹草等。

图115 节节草群落

山野豌豆群落 (Form. *Vicia amoena*)

山野豌豆是多年生草本，其花冠红紫色、蓝紫色或蓝色，颜色多变。山野豌豆属优良牧草，蛋白质可达10.2%，牲畜喜食。民间药用称透骨草，有祛湿、清热解毒之效。该群落分布于安泽县和川镇、冀氏镇，沁源县中峪乡，阳城县北留镇、沁阳市紫陵镇等地沁河两岸的潮湿地上，草本层盖度为20%~40%，优势种为山野豌豆，高度为10~25cm，伴生有荩草、

图116 山野豌豆群落　　　　　图117 山野豌豆群落

蕨麻等。

反枝苋群落 (Form. *Amaranthus retroflexus*)

反枝苋为一年生草本，嫩茎叶为野菜，也可做家畜饲料。该群落在沁河沿岸均有分布，草本层盖度为20%~60%，优势种为反枝苋，高度为12~30cm，伴生有苍耳、狗尾草、野艾蒿等。

毛蕊老鹳草群落 (Form. *Geranium platyanthum*)

毛蕊老鹳草为多年生草本，花呈紫粉色。该群落分布于沁源县交口镇、沁河镇，沁水县郑庄镇、苏庄乡，阳城县润城镇、白桑乡等地的沁河两岸，草本层盖度为20%~40%，优势种为毛蕊老鹳草，高度为8~15cm，伴生有狗尾草、披针薹草、东方草莓等。

图118 反枝苋群落　　　　　　图119 毛蕊老鹳草群落

图120 沁河中游芦苇群落　　　　　　　图121 入黄河河口处的芦苇群落

芦苇群落 (Form. *Phragmites australis*)

　　芦苇"飘零之物，随风而荡，却止于其根，若飘若止，若有若无"。芦苇以其优雅柔情的体态往往给人们以浪漫、温馨的印象。该群丛主要分布于沁源县沁河镇，泽州县南岭乡、山河镇，武陟县北郭乡等地的沁河沿岸，高度1~2m，盖度60%左右，伴生有薄荷、泽泻、葎草等。

白茅群落(Form. *Imperata cylindrica*)

　　多年生草本。具粗壮的长根状茎。秆直立。根入药，主治小便不利、

图122 芦苇群落

图123 白茅群落

吐血、尿血、水肿、急性肾炎、反胃等；花入药，主治体虚、鼻塞、外伤出血等。分布于安泽县和川镇、泽州县南岭乡等地的河岸草地上。高度一般为30~80cm，盖度为30%~50%，伴生有芦苇、蕴草等。

芦竹群落（Form. *Arundo donax*）

芦竹多年生草本。茎纤维素含量高，是制作纸浆和人造丝的优质原料。根状茎及嫩笋芽可入药，具有清热利尿的功效。芦竹群落主要分布于沁河河道旁的沙质土壤上。优势种为芦

图124 芦竹群落

图125 风花菜群落

竹，高度一般为3m左右，盖度为30%~50%；伴生有芦苇、香蒲等。

风花菜群落(Form.*Juncellus serotinus*)

一或二年生直立粗壮草本。高可达0.8m。嫩株可作饲料；全草可作药用，主治水肿、咽痛等；种子可食用，也可作肥皂。分布于安泽县冀氏镇、马壁乡等河岸、沟边或路边草丛中。盖度40%。伴生种有蕙草、泽泻、薹草等。

3. 沼泽植被

水莎草群落（Form.*Juncellus serotinus*）

群落分布在沁水县郑庄镇、阳城县润城镇河漫滩、河南省境内的河漫滩等，河水pH值6.5，海拔800m。群落外貌鲜艳，整齐，浅绿色。层次分化不明显，观上水库群落的建群种以水莎草为主，盖度50%，株高难度10cm；伴生种有稗草，盖度小于5%，高度15cm。一些地段常年积水，更适合于水莎草属的生长。水莎草的盖度达50%~75%，高35cm，主要伴生种有问荆，株高15cm，盖度30%。其他伴生种有蔗草等；偶见种有泽泻、薹草、大车前、苍耳等。

狭叶香蒲群落（Form. *Typha angustifolia*）

狭叶香蒲为多年生草本，水生或沼生。地上茎直立，粗壮，高约1.5~2.5m。该群落分布于沁源县交口镇、沁河镇，泽州县南岭乡、山河镇、武陟县北郭乡等地的沁河两岸积水泛滥地中。该物种既能形成单优势种群落，草本层盖度为30%~50%，草丛高1~1.5m；又是香蒲沼泽或芦苇沼泽的常见伴生种，

图126 水莎草群落

与芦苇、蔗草、水葱、水蓼、眼子菜等植物伴生。

图127 狭叶香蒲群落

图128 小香蒲群落

小香蒲群落（Form. *Typha minima*）

小香蒲为香蒲科多年生沼生植物。地上茎直立，细弱，矮小。常用于点缀园林水池、湖畔和构筑水景，具有很高的观赏价值。该群落主要分布于沁源县沁河镇、交口镇，沁水县郑庄镇，阳城县东冶镇、北留镇等沁河河漫滩与阶地的浅水沼泽、沼泽化草甸的低湿地里。草本层盖度为30%~50%，优势种为小香蒲，高度为16~65cm，伴生种有芦苇、水蓼等。

香蒲群落（Form. *Typha orientalis*）

香蒲为多年生水生或沼生草本，其叶绿穗奇，与其他水生植物按照它们的观赏功能和生态功能进行合理搭配设计，能充分创造出一个优美的水生自然群落景观。该群落分布于沁源县沁河镇、交口镇，安泽县和川镇、府城镇，泽州县李寨乡、南岭乡，武陟县小董乡、西陶镇等的沁河浅水中。草本层盖度为20%~40%，优势种为香蒲，高度为20~70cm，伴生有芦苇、水莎草。

香蒲+泽泻群落（Form. *Typha orientalis*+*Alisma plantago–aquatica*）

泽泻全株有毒，地下块茎毒性较大，花白色，花期较长。该群落分

图129 香蒲群落

图130 香蒲+泽泻群落

布于沁源县交口镇，安泽县冀氏镇，泽州县李寨乡、南岭乡等地的沁河河水中。草本层盖度为30%~50%，香蒲、泽泻为共优种，其中香蒲高度为15~30cm，泽泻高10~20cm，伴生有水芹、蔗草等。

小灯心草（Form. *Juncus bufonius*）

一年生草本。有较多细弱、浅褐色须根。全草入药，主治热淋、小便涩痛、水肿等症。分布于沁源县沁河镇、武陵县西陶镇等地的湿草地、河边、沼泽地中。草本层盖度为20%~50%，高4~30cm，伴生有水芹、蔗草等。

图131 小灯心草群落

4. 水生植被

金鱼藻群落（Form. *Ceratophyllum demersum*）

金鱼藻为多年生沉水草本，无根，全株沉于水中，其生长与光照关系密切，当水过于浑浊，水中透光较少，金鱼藻生长不良，反之，则恢复生长。该群落安泽县和川镇、府城镇，沁源县交口镇等地的沁河河水中有分布，草本层盖度为30%~50%，优势种为金鱼藻，茎长20~120cm，伴生有篦草、芦苇、眼子菜等。

图132　金鱼藻群落

菹草群落（Form. *Potamogeton crispus*）

菹草为多年生沉水草本，是草食性鱼类的良好天然饵料。菹草群落主要分布于武陟县西陶镇、北郭乡等地的缓流河水中，高度5~10cm，盖度20%~60%，伴生有泽泻、芦苇等。

眼子菜群落 (Form. *Potamogeton distinctus*)

眼子菜为多年生水生草本，浮水叶革质，穗状花序顶生，开花时伸出水面，花后沉没水中。该群落分布于沁源县交口镇、沁河镇，阳城县东

图133 菹草群落

图134 眼子菜群落

冶镇、北留镇，泽州县南岭乡、山河镇等地的沁河河水中。草本层盖度为
30%~50%，优势种为眼子菜，高度为10~20cm，伴生有金鱼藻、芦苇等。

水绵群落（Form. *Spirogyra* spp.）

真核多细胞藻类。水绵是水绵属绿藻的总称，因体内含有1~16条带
状、螺旋形的叶绿体，所以呈现绿色。据相关统计，世界上大概有400多
种水绵，宽度为10~100μm，长度可达数厘米。全株入药，具有清热解毒

图135 水绵群落

图136 牛毛毡群落

的功效。各县区河流、沟渠中均有分布。

牛毛毡群落（Form. *Heleocharisyokoscensis*）

牛毛毡的匍匐根状茎非常细，小穗卵形，该群落主要分布于阳城县白桑乡、泽州县南岭乡等地的沁河沿岸潮湿处，高度5~15cm，盖度20%~50%，常伴生有芦苇、寸草等。

图137 牛毛毡群落

普生轮藻群落（Form. *Chara vulgaris*）

普生轮藻有钙质沉积。可作鱼类饲料分布于沁源县沁河镇、沁水县嘉峰镇等地的水中或河边。盖度为20%~60%，优势种为普生轮藻，伴生有蘑草、芦苇、眼子菜等。

图138 普生轮藻群落

五、湿地动物

1. 动物组成

沁河流域生物多样性丰富，植被类型多样，生长着丰富的水生植物、沼生植物、湿生植物及中生植物，为多种动物提供了充足的食物资源和良好的栖息、隐蔽条件及适宜的繁殖场所。据初步调查，沁河湿地野生动物有36目111科204种。其中鸟类12目21科48种，哺乳类6目6科8种，两栖类1

表11　沁河湿地野生动物统计表

项目 种类	目	科	种
鸟类	12	21	48
哺乳类	6	6	8
两栖类	1	3	4
爬行类	2	4	5
鱼类	3	5	26
昆虫类	12	72	121
合计	36	111	212

目3科4种，爬行类2目4科5种，鱼类3目5科26种，昆虫类12目72科121种。

重点保护与常见的湿地野生动物：

沁河流域204种湿地野生动物中，列为国家一级重点保护的动物种类有黑鹳、金雕、褐马鸡等，国家二级重点保护动物有隼科、大鸨等；列为山西省重点保护的野生动物种类有苍鹭、池鹭、蓝翡翠、牛头伯劳、小杜鹃、复齿鼯鼠、小麝鼩、刺猬等。

2. 两栖动物

沁河湿地有两栖类动物1目，为无尾目，3科包括蟾蜍科（含2种）、蛙科（1种）和姬蛙科（1种）。

沁河湿地的两栖动物主要分布在河漫滩、农田、草地灌丛以及森林中，其中分布在河漫滩中的有4种，为花背蟾蜍、中华大蟾蜍、中国林蛙以及北方狭口蛙；分布在农田的有2种，为中华大蟾蜍和中国林蛙；分布在草地灌丛中的有3种，为花背蟾蜍、中华大蟾蜍以及中国林蛙；分布在森林中的有2种，为中华大蟾蜍和花背蟾蜍。

3.爬行动物

沁河湿地的爬行类动物有2目，分别为蜥蜴目和蛇目；4科，包括壁虎科、蜥蜴科、蝰科和游蛇科；共5种，占山西省爬行类动物总数的18.5%。主要分布在河漫滩、农田、草地灌丛以及森林中，其中分布在河漫滩的有3种，为丽斑麻蜥、虎斑游蛇以及黑眉锦蛇；分布在农田的有3种，为丽斑麻蜥、蝮蛇以及虎斑游蛇；分布在草地灌丛中的有4种，包括丽斑麻蜥等。

4. 湿地鸟类

湿地鸟类也称为水禽，其概念和湿地一样，难以明确划分和定义。与湿地有关的鸟类至少有三种情况，一是完全依赖湿地生活，取食、繁殖、栖息全部在湿地完成；二是主要在湿地生活，离开湿地也能生存；三是偶然到湿地活动。

鸟类是湿地生态系统中最活跃、最引人注目的组成部分，并且在湿地能量流动和维持生态系统的稳定方面起着举足轻重的作用。湿地具有水产养殖、农业灌溉、水力发电、工业用水等极高经济价值和社会价值，更重要的是具有调节水分循环和遗传与生物多样性保护的特殊生态价值，如何利用这项资源已成为世界各国关注的问题。湿地环境的变化直接影响鸟类生态和种群发展，因而湿地鸟类可以作为监测湿地环境变化的一项客观生物指标。

湿地广泛分布于世界各地，拥有众多野生动植物资源，是重要的生态系统。很多珍稀水禽的繁殖和迁徙离不开湿地，因此湿地被称为"鸟类的乐园"。我国湿地面积约占全球湿地总面积的10%，是东半球水鸟的主要越冬地，也是世界水鸟的主要繁殖地，而且是亚太地区鸟类迁徙路径的重要组成部分。中国目前湿地面积约6300万hm²（不包括江河、水库、池塘以及退潮时水深不及6m的浅海水域），湿地自然保护区总面积约3752万hm²。

水鸟主要由雁鸭类、鹤类和鸥类等类群组成，全世界大约878种。其中，鹤类属于大型涉禽，包含多种珍稀濒危鸟类；雁鸭类属于游禽，其中雁类数量少，保护级别高；鹤鹬类和鸥类分别属小型涉禽和游禽，数量多。

湿地鸟类的种类和分布

沁河湿地的鸟类有12目，包括鹛鹨目、鹳形目、雁形目等，21科，包括鹛鹨科、鹭科、鸭科等，共48种，占山西省鸟类总种数的14.63%。其中，有山西省重点保护动物苍鹭和池鹭。

从分布区来看，分布在河漫滩的有41种，包括小鹛鹨、苍鹭、小白鹭等；分布在农田的有24种，包括大天鹅、斑嘴鸭、石鸡等；分布在草地灌丛有23种，包括雉鸡、丘鹬、山斑鸠等；分布在森林的有23种，包括角百灵、家燕、黄鹡鸰等。从居留类型来看，留鸟有15种，包括红嘴蓝鹊、树麻雀、云雀等；夏候鸟有14种，包括家燕、白腰雨燕、中杜鹃等；旅鸟有19种，包括白喉针尾雨燕、灰鹡鸰、环颈鸻等。

沁河湿地的鸟类名录：

Ⅰ.赤麻鸭（游禽）

赤麻鸭是迁徙性鸟类。每年3月初至3月中旬当繁殖地的冰雪刚开始融化时就成群从越冬地迁来，10月末至11月初又成群从繁殖地迁往越冬地。多成家族群或由家族群集成更大的群体迁飞，常常边飞边叫，多呈直线或横排队列飞行前进。沿途不断停息和觅食。在停息地常常集成数十甚至近百只的更大群体。

近年来，沁源县在发展经济的同时，把改善生态环境、建设优美家园作为一项重要任务，编制了沁河源头生态功能保护区规划等，生态示范区于2007年通过了国家、省环保部门的验收。他们严格执行规划，坚决杜绝

图139 赤麻鸭（摄于沁河源头）

了在重点保护区、核心区建设工业开发项目。同时，积极开展治污减排，推平了境内所有的土焦和萍乡炉，炸毁43支烟囱，取缔了6个国家明令禁止淘汰落后生产工艺的炼铁高炉企业，并相继上马建设了一批60万吨级清洁型、环保型焦炉，工业污染源达标验收率达95%。着力提高生态绿色，开展了大规模的生态建设工程。整体推进的沁河综合治理工程，则使沁河水源成为全省唯一未受污染的河段。因此在2015年的冬天，沁河流域沁源段就来了一大批赤麻鸭，他们在这里栖息捕食。

Ⅱ.苍鹭（涉禽）

苍鹭是大型水边鸟类，头、颈、脚和嘴均甚长，因而身体显得细瘦，几乎遍及全中国各地。通常在南方繁殖的种群不迁徙，为留鸟，在东北等寒冷地方繁殖的种群冬季都要迁到南方越冬。春季迁来繁殖地的时间多在3月末4月初，10月初至10月末迁离繁殖地，偶尔亦见有少数个体留在北方繁殖地不迁徙。迁徙时常呈小群，亦有单个和成对迁徙的。栖息于江河、溪流、湖泊、水塘、海岸等水域岸边及其浅水处，也见于沼泽、稻田、山地、森林和平原荒漠上的水边浅水处和沼泽地上。主要以小型鱼类、泥鳅、虾、喇蛄、蜻蜓幼虫、蜥蜴、蛙和昆虫等动物性食物为食。多在水边

图140 苍鹭（摄于沁河源头河岸边）

图141 苍鹭（摄于沁河上游河段浅水处）

浅水处或沼泽地上，也在浅水湖泊和水塘中或水域附近陆地上觅食。该物种已被列入中国国家林业局2000年8月1日发布的《国家保护的有益的或者有重要经济、科学研究价值的陆生野生动物名录》。

近期，沿着沁源县沁河上游沿线的山林中栖息着数百只苍鹭，每年白露以后这些苍鹭从南方陆续飞到这里栖息和繁殖，成群的大鸟在湖边、山林中翩翩起舞，成了沁河源头一道靓丽的风景线，吸引了大批省内外游客前去观赏，一些摄影爱好者拿着"长枪短炮"到这里"打"鸟。

Ⅲ.黑鹳（涉禽）

黑鹳是一种体态优美，体色鲜明，活动敏捷，性情机警的大型涉禽。成鸟的体长为1~1.2m，体重2~3kg；嘴长而粗壮，头、颈、脚均甚长，嘴和脚红色。身上的羽毛除胸腹部为纯白色外，其余都是黑色，在不同角度

图142 黑鹳（摄于沁河上游五龙口）

的光线下，可以映出变幻多种颜色。在高树或岩石上筑大型的巢，飞时头颈伸直。

黑鹳被称为"鸟中大熊猫"，目前全球仅存3000只，我国不足600只，为国家一级重点保护动物。由于近年来数量急剧减少，已被《濒危野生动植物种国际贸易公约》列为濒危物种，珍稀程度相当于大熊猫。黑鹳活动于河流岸边及湖泊水域附近，以鱼虾、青蛙等小型水生动物为食，偶尔也吃一些植物。

据河南师范大学和济源市蟒河林场共同开展的"济源市黑鹳调查项目"在2011年9月的一份调查报告显示，在济源境内，称为鸟类中的"大熊猫"、国家一级保护动物的黑鹳数量达到30只，且种群在济源市有逐渐增多的趋势，为山西罕见。据了解，这是调查组历经春、夏、秋、冬四季，对济源全市范围内的河流、湖泊、水库、鱼塘等有利于黑鹳活动的地段、水域进行了全面调查的结果。黑鹳大多成群栖息在沁河上游五龙口一带。

但是近年来，沁河湿地济源境内出现了令人担忧的生存状态，如河水受污、河道挖沙、人为捕猎和误伤，导致黑鹳的生存环境遭到破坏，食物链中断，现在沁河湿地已看不到黑鹳的影子。

Ⅳ.白鹭（涉禽）

近日，在沁河滩区出现了大量的白鹭，它们三五成群，或悠闲散步，或觅食嬉戏，或翩翩起舞。据了解，白鹭属国家二级保护动物，因其对大气、水质等环境因素非常敏感，讲求居住环境而被称为"大气和水质状况

图143 白鹭（摄于沁河中段河滩上）　图144 白鹭（摄于沁河中段浅水处）

的监测鸟"，享有"环保鸟"的美誉。

近年来，沿河各地加大流域生态环境治理，沿河企业废水、废气基本实现达标排放，同时，河务、环保等部门也加大执法宣传力度，群众环保意识不断增强，沁河湿地生态环境日益改善。好的环境，吸引了白鹭、大雁等多种鸟类来此筑巢安家、繁育后代，出现了人与自然和谐发展的美好画卷。

Ⅴ.大天鹅

天鹅是大型鸟类，最大的身长1.5m，体重6千克左右。大天鹅又叫白天鹅、鹄，是一种大型游禽，体长约1.5m，体重可超过10kg。全身羽毛白色，嘴多为黑色，上嘴部至鼻孔部为黄色。它们的头颈很长，约占体长的一半，在游泳时脖子经常伸直，两翅贴伏。由于它们优雅的体态，古往今来天鹅成了美丽、纯真与善良的化身。

印象中的天鹅是多么的美丽优雅，但它们可是最疯狂的父母，为了保护自己的孩子，可以奋战到底。许多鸟类在遇到天敌时都会本能地保护幼仔，可很多都会在力量不济时放弃。但是天鹅可不会，他们会斗争致死！

成年天鹅的体重能达到13kg，被激怒后非常具有侵略性，会毫不犹豫地发起攻击。如果遇到的敌人是不会游泳的，天鹅就会把敌人拉下水，把它淹死。

2014年12月26日23时，由8名成员组成的白天鹅家族途经沁源县城时，在沁河南环桥一带降落。因天气寒冷，持续低温致使河水结冰，一只小天鹅被困在一片狭小水域内不能起飞。沁河镇派出所值班民警赶到后，踩着薄冰，缓慢接近河中心的天鹅，敲碎冰面，使小天鹅重获自由。2014年冬天，数十只大天鹅首次光临沁源沁河越冬。

Ⅵ.鸿雁（涉禽）

鸿雁是大型水禽，体长90cm左右，体重2.8~5kg。嘴黑色，体色浅灰褐色，头顶到后颈暗棕褐色，前颈近白色。远处看起来头顶和后颈呈黑色，前颈近白色，黑白两色分明，反差强烈。主要栖息于开阔平原和平原草地上的湖泊、水塘、河流、沼泽及其附近地区。以各种草本植物的叶、

图145 鸿雁（摄于沁河中上游滩地上）

芽、包括陆生植物和水生植物、芦苇、藻类等植物性食物为食，也吃少量甲壳类和软体动物等动物性食物。性喜结群，常成群活动，特别是迁徙季节，常集成数十、数百、甚至上千只的大群。

每年9月下旬至10月末即开始大量从繁殖地迁往越冬地，有的早在9月初至9月中旬即开始迁徙。迁徙时常集成数十、数百、甚至上千只的大群。鸿雁的迁徙，常常是迁走一批再来一批，每批的迁离与迁来，常与气候的突然变冷有关。每当寒潮来临，停留的鸿雁突然迁走，不久另一批又迁来。春季迁徙出现在3月中旬至4月末，持续约一个多月。但春季迁徙群明显较秋季小，通常十几只至几十只。

2012年冬天，有网友拍到沁河滩里鸿雁成群。

Ⅶ. 针尾鸭（游禽）

针尾鸭是中型游禽，属水鸭类。体长43~72cm，体重0.5~1kg。雄鸭背部满杂以淡褐色与白色相间的波状横斑，头暗褐色，颈侧有白色纵带与下体白色相连，翼镜铜绿色，正中一对尾羽延长。雌鸭体型较小，上体大都黑褐色，杂以黄白色斑纹，无翼镜，尾较雄鸟短，但较其他鸭尖长。飞行迅速。

图146 针尾鸭（摄于沁河上游岸边林中）

　　每年2月末3月初，针尾鸭开始迁离中国南方越冬地，3月初至3月中下旬大量到达中国华北和东北地区。4月初至4月中旬已基本到达中国北部繁殖地或迁离中国，亦有少数个体迟至4月末5月初仍停留在中国辽宁省，或许是不参与当年繁殖或是留在中国东北繁殖的个体。9月中下旬已有少数秋季迁徙群到达中国东北和华北地区，大量在10月初至10月末，少数迟至11月末才往南迁，迁徙时常集成数十甚至近百只的大群。

　　Ⅷ. 黑水鸡（涉禽）

　　黑水鸡是鹤形目秧鸡科的鸟类，共有12个亚种。中型涉禽，体长24~35cm。嘴长度适中，鼻孔狭长；头具额甲，后缘圆钝；嘴和额甲色彩鲜艳。翅圆形，第2枚初级飞羽最长，或第2枚和第3枚初级飞羽等长，第1枚约与第5枚或第6枚等长。尾下覆羽白色。趾很长，中趾不连爪约与跗跖

图147 黑水鸡（摄于沁河泽州县一带）

等长。趾具狭窄的直缘膜或蹼。通体黑褐色，嘴黄色，嘴基与额甲红色，
两胁具宽阔的白色纵纹，尾下覆羽两侧亦为白色，中间黑色，黑白分明，
甚为醒目。脚黄绿色，脚上部有一鲜红色环带，亦甚醒目。

　　黑水鸡喜欢栖息在有挺水植物的淡水湿地，喜欢群居，集体活动。它
的食性较杂，荤素均可。黑水鸡能走会飞，能游泳，善潜水，堪称是四项
全能。黑水鸡走路与游泳，头是一点一点的，也像一伸一缩似的。似在赞
许，又似道好，一派好好先生的风范。

　　人有人言，禽有禽语。黑水鸡的语言就是鸣叫。它的叫声大致有两
种：一为"嘎啊~"，二是"嘀嘀、嘀嘀嘀"。第一种低沉、浑浊，还有
点拖泥带水、含糊不清的，估计是雌性的。第二种短促、清脆、响亮，中
气十足，干净利落，掷地有声，应该是雄性的。其实黑水鸡的鸣叫，要远
远超出上述两种。有的声音细小沙哑，小心翼翼的，胆胆怯怯的，还有
点含糊其辞的，好像处于人类少年的变声期；有的则让人难以分辨，难以
捉摸，难以领会，就像各地的方言一样。通常黑水鸡的鸣叫，均是有问有

图148 黑水鸡（摄于沁河泽州县一带）

答，有唱有和，十分热闹。黑水鸡的鸣叫，虽说没有黄莺悦耳，也没有春燕中听，却不烦人。静静的荷塘芦滩，有了它们的鸣叫，而有了生命的律动，有了生气。若是清明以后，再有蛙鸣的应和，那就更热闹了。那简直就是一部河塘生命的大合唱，春之声交响曲。

黑水鸡不仅会游泳，更长于扎猛子。每当在水面闲游，一时受到惊吓，或有险情，它们会一头扎入水中，一个猛子能游出十多米。其扎猛子的方向，有点不固定，或东或西的，让人难以捉摸，反正是朝河的中央游去的，朝安全水域游去的。这就是黑水鸡的智慧，它们大概也懂得兵不厌诈的道理。待其抵达安全的区域，便回身扭头，打量你，取笑你，笑你没奈何。其后身心放松，大摇大摆地游走。时常在平安无事的日子里，它们也会扎猛子。不过此刻扎得不远也不深，像海豚似的，一起一伏，入水便起，浅尝辄止，跟蜻蜓点水似的。不过它们这举动，镇定从容，随心所欲，挥洒自如。这有点自娱自乐、温习技艺的性质，还有点炫技的意味。

其实黑水鸡跟我们人类一样，也懂得放松休闲，享受生活。在确认安全的前提下，没人打扰的情况下，它们会爬到河岸，三三五五地依偎在一起。一边联络着亲情与友情，一边慵懒而舒适地晒着太阳。不过它们的警觉性很高，自我保护意识很强，只要人们稍稍靠近，哪怕是心存友善，并无打扰与伤害之意，它们也是三十六计，走为上。立马"抬腿走人"，溜之大吉。它们这"溜"挺特别，是连走带飞，扑扑啦啦的，把河面拍得水花四溅，响声一片。黑水鸡这种警钟长鸣、防患于未然的安全意识，很是值得人们在防火、防盗、预防贪腐工作中学习与借鉴。

除非是迁徙，通常黑水鸡不会轻易离开自己的家园。人们常说外面的世界很精彩，到底是怎样的精彩，不得而知。但总不能局促一方，困守一地，终其一生吧？好些黑水鸡在好奇心与求知欲的驱使下，也想打开"国门"，到邻近的水域一探究竟，借以开眼界，长见识。这正如人类的春日踏青，秋游赏景，国内观光，出国旅游一样。可黑水鸡的远足，跟人类的出游是有区别的。陌生的水域，尤其是空旷的，无遮无掩的水域，潜藏着诸多的风险。尽管有风险的存在，好些黑水鸡还是鼓足勇气，义无反顾，勇往直前。不过它们这般的壮举，极为罕见。三两结伴的也有，通常独行侠居多。

Ⅸ.冠鱼狗

冠鱼狗广泛分布于我国东南部，北至河北南部，南达海南岛，为山西省的重点保护动物之一。

冠鱼狗羽色优雅，为人们所喜爱，为不普遍留鸟。头具显著羽冠。自额至尾皆黑色，缀以白色横斑，颊、颏、喉和腹中央纯白色，腹侧具疏密不同的黑色横斑。虹膜淡褐色，喙暗褐色，尖端、下喙基及鼻孔前暗黄色，跗和趾褐色，爪呈黑色。叫声:飞行时作尖厉刺耳的aeek叫声。

冠鱼狗在山西为夏候鸟。冠鱼狗的栖息地主要包括山地、河流、洼谷、水库等地段。营巢多见于溪间、岩壁缝隙、河谷、土壁洞穴等地段。觅食地见于河边、水库、池塘、水坑、电灌站、山涧、溪流养鱼池和河边高大树林间等。短暂停息地包括河谷巨石、岩壁顶端、疏林、池塘、河心

图149 冠鱼狗（摄于沁河阳城县一带）

树枝、抽水站房顶等。夜宿地除在夏季繁殖地附近及卧巢孵卵以外，非繁殖季节没有固定的夜宿地，而是随着每日夜幕降临，觅食程度，选定于河边高大林间的树冠侧枝及悬崖峭壁上的灌丛上夜宿。

Ⅹ.褐马鸡

褐马鸡，因长耳羽，又称角鸡，为鸡形目雉科马鸡属，是我国特有的珍稀鸟类。1989年，褐马鸡被列为国家一级重点保护野生动物。中国鸟类学会以褐马鸡作为会标，山西省将褐马鸡定为省鸟。

2005年10月，位于沁源县西北部将台林场的职工在沁河上游的榆沟也意外地碰到了十余只褐马鸡，这些"不速之客"对人很畏惧。今年5月1日，灵空山自然保护区的槽沟出现了一对褐马鸡，这对"情侣"见到人飞进了油松林中；5月8日，灵空山林场的野峪沟发现了褐马鸡正在孵卵，人们还找到了褐马鸡的觅食痕迹和粪便。

褐马鸡属于杂食性鸟类，许多植物和昆虫都是它采食的对象，多以嘴刨食为主，偶尔也上灌木食果，沙棘果、松子和幼虫等是它们最喜欢的食

图150 褐马鸡（摄于灵空山自然保护区）

表12 沁河湿地鸟类名录

目科种名	学名	保护级别	居留类型	河漫滩	农田	草地灌丛	森林
一、䴙䴘目	PODICIPEDIFORMES						
1.䴙䴘科	1.小䴙䴘 *Podiceps ruficollis*		夏	√			
二、鹳形目	CICONIIFORMES						
2.鹭科	2.苍鹭 *Ardea cinerea*	☆	夏	√		√	√
	3.白鹭 *Egretta garzetta*		旅	√			√
	4.池鹭 *Ardeola bacchus*	☆	旅	√		√	√

目科种名	学名	保护级别	居留类型	河漫滩	农田	草地灌丛	森林
三、雁形目	ANSERIFORMES						
3.鸭科	5.天鹅 *Cygnus cygnus*		旅	√	√		
	6.绿头鸭 *Anas platyrhynchos*		旅	√			
	7.赤麻鸭 *Tadorma ferruginea*		旅	√			
	8.绿翅鸭 *Anas crecca*		旅	√			
	9.斑嘴鸭 *Anas poecilorhyncha*		夏	√	√	√	
四、鸡形目	GALLIFORMES						
4.雉科	10.石鸡 *Alectoris graeca*		留	√	√	√	
	11.雉鸡 *Phasianus colchicus*		留	√	√	√	√
五、鹤形目	GRUIFORMES						
5.秧鸡科	12.黑水鸡 *Gallinula chloropus*		夏	√			
	13.白骨顶 *Fulica atra*		旅	√			
六、鸻形目	CHARADRIIFORMES						
6.鸻科	14.剑鸻 *Charadrius hiaticula*		旅	√			
	15.环颈鸻 *Charadrius alexandrinus*		旅	√			

目科种名	学名	保护级别	居留类型	河漫滩	农田	草地灌丛	森林
7.鹬科	16.鹤鹬 *Tringa erythropus*		旅	√			
	17.红脚鹬 *Tringa totanus*		旅	√			
	18.白腰草鹬 *Tringa ochropus*		旅	√			
	19.矶鹬 *Actitis hypoleucos*		旅	√			
	20.丘鹬 *Scolopax rusticola*		夏	√		√	√
8.反嘴鹬科	21.黑翅长脚鹬 *Himantopus himantopus*		旅	√			
七、鸥形目	LARIFORMES						
9.鸥科	22.普通燕鸥 *Sterna hirundo*		旅	√			
八、鸽形目	COLUMBIFORMES						
10.鸠鸽科	23.岩鸽 *Columba rupestris*		留		√	√	
	24.山斑鸠 *Streptopelia orientalis*		留		√	√	√
	25.灰斑鸠 *Streptopelia decaocto*		留		√	√	√
	26.珠颈斑鸠 *Streptopelia chinensis*		留	√	√	√	√
九、鹃形目	CUCULIFORMES						
11.杜鹃科	27.大杜鹃 *Cuculus canorus*		夏	√			√

目科种名	学名	保护级别	居留类型	河漫滩	农田	草地灌丛	森林
	28.中杜鹃 *Cuculus saturatus*		夏	√			√
十、雨燕目	APODIFORMES						
12.雨燕科	29.白喉针尾雨燕 *Hirundapus caudacutus*		旅	√	√		
	30.楼燕 *Apus apus*		夏	√	√		
	31.白腰雨燕 *Apus pacificus*		夏	√	√		
十一、佛法僧目	CORACIIFORMES						
13.翠鸟科	32.小翠鸟 *Alcedo pusilla*		夏	√			√
14.戴胜科	33.戴胜 *Upupa epops*		留	√	√	√	√
十二、雀形目	PASSERIFORMES						
15.百灵科	34.凤头百灵 *Calerida cristata*		留	√	√	√	
	35.角百灵 *Eremophila alpestris*		留		√	√	√
	36.云雀 *Alauda arvensis*		留	√	√	√	
16.燕科	37.岩燕 *Ptyonoprogne rupestris*		夏			√	
	38.家燕 *Hinundo rustica*		夏	√	√	√	√
17.鹡鸰科	39.黄鹡鸰 *Motacilla flava*		旅	√	√	√	√

目科种名	学名	保护级别	居留类型	河漫滩	农田	草地灌丛	森林
	40.灰鹡鸰 *Motacilla cinerea*		旅	√	√	√	√
	41.白鹡鸰 *Motacilla alba*		夏	√	√	√	√
	42.树鹨 *Anthus hodgsoni*		夏	√	√	√	√
	43.田鹨 *Anthus novaeseelandiae*		旅	√	√	√	√
18.椋鸟科	44.红嘴蓝鹊 *Urocissa erythrorhyncha*		留		√		√
19.鸦科	45.喜鹊 *Pica pica*		留	√	√	√	
	46.星鸦 *Nucifraga caryocatactes*		留				√
20.鹟科	47.红尾水鸲 *Rhyacornis fuliginosus*		留	√			
21.文鸟科	48.树麻雀 *Passer montanus*		留	√	√	√	√

注：☆山西省重点保护动物

物。褐马鸡主要栖息在以油松、云杉次生林为主的林区和华北落叶松、云杉、杨树、桦树次生针阔混交森林中。它白天多活动于灌草丛中，夜间栖宿在油松或云杉离地面较高的枝杈上，冬季多活动于海拔1000~1500m高山地带，夏秋两季多在海拔1500~1800m山谷、山坡和有清泉的山坳里活动。

5. 主要兽类

沁河湿地哺乳类动物有6目（有食虫目、翼手目、食肉目等）6科（包括鼩鼱科、蝙蝠科、猫科等）8种，种数占山西省哺乳类动物总种数（71种）的8.45%。其中，小麝鼩为山西省重点保护动物。哺乳动物中分布在河漫滩的有7种，包括小麝鼩、普通伏翼以及蝙蝠等；分布在农田的有8种，包括小麝鼩、豹猫、野猪等；分布在草地灌丛中的有6种，包括小家鼠、褐家鼠以及草兔等；分布在森林中的有3种，包括草兔、豹猫和野猪。

表13 沁河湿地两栖、爬行、哺乳类名录

纲目科种（中国名）	学　名	保护级别	河漫滩	农田	草地灌丛	森林
两栖纲	AMPHIBIA					
一、无尾目	ANURA					
1.蟾蜍科	1.花背蟾蜍 *Bufo raddei*		√	√	√	√
	2.中华大蟾蜍 *Bufo bufo*		√	√	√	√
2.蛙科	3.中国林蛙 *Rana temporaria*		√		√	
3.姬蛙科	4.北方狭口蛙 *Kaloula borealis*		√			
爬行纲	REPTILIA					
一、蜥蜴目	LACERTIFORMES					
1.壁虎科	1.无蹼壁虎 *Gekko swinhonis*					
2.蜥蜴科	2.丽斑麻蜥 *Eremias argus*		√	√	√	
二、蛇目	SERPENTIFORMES					
3.蝰科	3.蝮蛇 *Agkistrodon intermedius*			√	√	
4.游蛇科	4.虎斑游蛇 *Rhabodophis tigrinus*		√	√	√	√
	5.黑眉锦蛇 *Elaphe taeniura*		√		√	√
哺乳纲	MAMMALIA					
一、食虫目	INSECTIVORA					

纲目科种 （中国名）	学　名	保护级别	河漫滩	农田	草地灌丛	森林
1.鼩鼱科	1.小麝鼩 *Crocidura suaveolens*	☆	√	√	√	
二、翼手目	CHIROPTERA					
2.蝙蝠科	2.普通伏翼 *Pipistrellus abramus*		√	√		
	3.蝙蝠 *Vespertilio superans*		√	√		
三、食肉目	CARNIVORA					
3.猫科	4.豹猫 *Felis bengalensis*		√	√	√	√
四、偶蹄目	ARTIODACTYLA					
4.猪科	5.野猪 *Sus scrofa*			√	√	√
五、兔形目	LAGOMRPHA					
5.兔科	6.草兔 *Lepus capensis*		√	√	√	√
六、啮齿目	RODENTIA					
6.鼠科	7.褐家鼠 *Rattus norvegicus*		√	√	√	
	8.小家鼠 *Mus musculus*		√	√	√	

注：☆山西省重点保护动物

6. 主要鱼类

沁河地形北高南低，沁源段坡降大，沁河源头海拔在2000m左右，到出境处降至1000m左右，水流湍急，不利于鱼类资源的繁殖，鱼类资源相对贫乏；安泽段飞岭以下至张峰水库坝址段，相对高差在300m以内，是沁河鱼类资源较为丰富的河段，水域生态环境较好，是主要经济鱼类乌苏里拟鲿、唇鲔等的繁殖与栖息场所；张峰水库以下因小水电站、工业用水等的增加，河段生境遭到破坏，鱼类种类以小型鱼类为主。

沁河流域共有鱼类有26种，分属3目5科，鱼类种类以鲤科为主，鱼类优势种为麦穗鱼、唇鱼骨、南方马口鱼、黄河的和瓦氏雅罗鱼，通过分析，沁河鱼类总体呈现出了小型化趋势。（赵瑞亮，山西省水产科学研究所）

沁河是山西境内唯一分布有唇鲃的河流。为保护沁河水域生态环境，已在沁河安泽段建立了特有鱼类国家级水产种质资源保护区，设立了禁渔期、禁渔区网。另外近年来沁源、安泽等地加大了对沁河鱼类的人工繁育和增殖放流，鱼类种群得到一定的恢复。

表14 沁河湿地鱼类名录

目	科	种
一、鲤形目	1.鲤科	1.马口鱼 *Opsariichthys bidens*
		2.拉式【岁鱼】*Phoxinus lagowskii*
		3.黄河雅罗鱼 *Leuciscus chuanchicus*
		4.似鳊 *Toxabramis swinhonis*
		5. 中华鳑鲏 *Rhodeus sinensis*
		6.黑龙江鳑鲏 *Rhodeus sericeus*
		7.彩石鲋 *Pseudoperilampus lighti*
		8.唇【鱼骨】*Hemibarbus labeo*
		9.黄河鮈 *Gobio huanghensis*
		10. 棒花鮈 *Gobio rivuloides*
		11. 似铜鮈 *Gobio coriparoides*
		12.清徐胡鮈 *Huigobio chinssuensis*
		13.吻鮈 *Rhinogobio typus*
		14.麦穗鱼 *Pseudorasbora parva*
		15.稀有麦穗鱼 *Pseudorasbora fowleri*
		16. 棒花鱼 *Abbottina rivularis*
		17.鲤 *Cyprinus carpio*
		18.鲫 *Carassius auratus*
	2.鳅科	19. 粗壮高原鳅 *Triplophysa robusta*
		20.酒泉高原鳅 *Triplophysa hsutschouensis*
		21.泥鳅 *Misgurnus anguillicaudatus*
		22.大鳞副泥鳅 *Paramisgurnus dabryanus*
二、鲇形目	3.鲇科	23.鲇 *Silurus asotus*
三、鲈形目	4.塘鳢科	24.黄黝鱼 *Hypseleotris swinhonis*
	5.鰕虎科	25.普栉鰕虎鱼 *Ctenogobius giurinus*
		26.波氏栉鰕虎鱼 *Ctenogobius cliffordpopei*

7. 主要昆虫

　　沁河湿地的昆虫有12目72科121种，其中含种数最多的目为双翅目（50种），其次为鞘翅目（16种）、直翅目（13种）、双翅目（11种）等；含种数最多的科为夜蛾科（8种），其次为灯蛾科（6种）、毒蛾科（6种）等。

表15 沁河湿地昆虫名录

纲目科种 （中国名）	学名	寄主
一、蜻蜓目	ODONATA	
1. 蜒科 Aeschnidae	1. 峻蜒 *Aeschna juncea*	小蛾、叶蝉、蚊
2. 蜻科 Libellulidae	2. 白尾灰蜻 *Orthetrum albistylum*	蚊、蝇、蛾等多种昆虫
	4. 小黄赤卒 *Sympetrum kuncheli*	蛾类等多种昆虫
3. 扇螅科Platycnemidae	5. 白扇螅 *Platycnemis foliacea*	蚊、蝇、蛾类
二、螳螂目	MANTODEA	
4. 螳科 Mantidae	6. 薄翅螳螂 *Mantis religiosa*	金龟子、黏虫、蝼蛄、叶蝉、棉铃虫、菜粉蝶、蚜虫
三、革翅目	DERMAPTERA	
5. 球蠼科Forficulidae	7. 日本张铗蠼 *Anechara japonica*	小昆虫
四、直翅目	ORTHOPTERA	
6. 螽斯科Tettigonidae	8. 长剑草螽 *Conocephalus gladiatus*	棉、禾本科杂草
7. 蝼蛄科 Gryllotalpidae	9. 华北蝼蛄 *Gryllotalpa unispina*	玉米、谷子、高粱、大麻、烟草、蔬菜、杨、榆、桑、沙棘等
8. 蟋蟀科 Gryllidae	10. 油胡芦 *Gryllulus testaceus*	高粱、甘薯、花生、豆类、棉、苹果等
9. 癞蝗科 Pamphagidae	11. 笨蝗 *Haplotropis brunneriana*	玉米、谷子、高粱、豆类、马铃薯、蔬菜、瓜类
10. 锥头蝗科 Pyrgomorphidae	12. 短额负蝗 *Atractomorpha sinensis*	向日葵、豆类
11. 斑腿蝗科Catantopidae	13. 中华稻蝗 *Oxya chinensis*	高粱、玉米、马铃薯、豆类、亚麻
12. 斑翅蝗科Cedipodidae	14. 红翅皱膝蝗 *Angaracris rhodopa*	莜麦、粟、大豆、马铃薯、苍耳
13. 网翅蝗科Arcypteridae	15. 锥尾雏蝗 *Chorthippus conicaudatus*	小麦

纲目科种 （中国名）	学名	寄主
14. 槌角蝗科Gomphoceridae	16. 长角皱腹蝗 *Egnatius apicalis*	牧草
	17. 李氏大足蝗 *Gomphocerus licenti*	禾本科杂草
15. 剑角蝗科Acrididae	18. 中华剑角蝗 *Acrida cinerea*	玉米、高粱、谷子、菜豆、桃李、麦
16. 蚱科Tetrigidae	19. 小菱蝗 *Acrydium japonicam*	玉米、甘薯
	20. 高目菱蝗 *Ergatettix dorsiferus*	牧草
五、虱目	ANOPLURA	
17. 虱科Pediculidae	21. 头虱 *Pediculus capitis*	寄生于人体
	22. 体虱 *Pediculus corporis*	寄生于人体
六、缨翅目	THYSANOPTERA	
18. 蓟马科Thripidae	23. 烟蓟马 *Thrips tabaci*	烟、马铃薯、山楂、豆类、大麻、苹果、梨、蔬菜
七、同翅目	HOMOPTERA	
19. 蜡蝉科Fulgoridae	24. 斑衣蜡蝉 *Lycorma delicatula*	苹果、桃、李、核桃、山楂、杨、榆、大豆
20. 飞虱科Delphacidae	25. 白背飞虱 *Sogatella furcifera*	玉米、禾本科牧草
21. 蝉科Cicadidae	26. 杨寒将 *Melampsalta radiator*	杨
22. 叶蝉科Cicadellidae	27. 大青叶蝉 *Tettigella viridis*	豆类、薯类、山楂、核桃、杨、柳、苹果、桑、榆、槐等
23. 角蝉科Membracidae	28. 西伯利亚脊角蝉 *Machaerotypus sibiricus*	
24. 蚜科Aphididae	29. 豌豆蚜 *Acyrthosiphon pisum*	大豆、蚕豆、豌豆、菜豆
	30. 玉米蚜 *Rhopalosiphum maidis*	玉米、高粱、谷子、禾本科杂草
25. 蚧科Coccidae	31. 瘤坚大球蚧 *Eulecanium gigantea*	苹果、梨、核桃、枣
26. 盾蚧科Diaspididae	32. 梨枝圆盾蚧 *Diaspidictus perniciosus*	山楂
八、半翅目	HEMIPTERA	
27. 黾蝽科Gerridae	33. 水黾 *Aquarium paludum*	生活在水面上，捕食水面的蝇类、叶蝉、蚜虫等小昆虫
28. 猎蝽科Reduviidae	34. 褐菱猎蝽 *Isyndus obscurus*	天幕毛虫
29. 螳蝽科Phymatidae	35. 中国螳瘤蝽 *Cnizocoris sinensis*	小昆虫

纲目科种 （中国名）	学名	寄主
	36. 中国原瘤蝽 Phymata crassipes	捕食小虫
	37. 暗色姬蝽 Nabis stenoferus	叶蝉、蚜虫、螨类、鳞翅目幼虫及卵、小甲虫、盲蝽
30. 花蝽科 Anthocoridae	38. 微小花蝽 Orius minutus	棉铃虫、螨类、叶蝉、蚜虫
31. 跷蝽科 Berytidae	39. 谷子小长蝽 Nysius ericae	粟、烟草、豆、葱、蓖麻
32. 红蝽科 Pyrrhocoridae	40. 地红蝽 Pyrrhocoris tibialis	十字花科
33. 缘蝽科 Coreidae	41. 点伊缘蝽 Rhopalus latus	小麦、粟、高粱、油菜、大豆
34. 土蝽科 Cydnidae	42. 圆边土蝽 Legnotus rotundus	蔬菜、苜蓿
35. 龟蝽科 Plataspidae	43. 双痣圆龟蝽 Coptosoma biguttula	豆类
九、鞘翅目	COLEOPTERA	
36. 虎甲科 Cicindelidae	44. 芽斑虎甲 Cicindela gemmata	多种昆虫
37. 蛛甲科 Pitnidae	45. 日本蛛甲 Ptinus japonicus	中药材、成品粮、干鱼、干肉、小麦、小米、面粉、饲料、大米
38. 瓢虫科 Coccinellidae	46. 二星瓢虫 Adalia bipunctata	棉蚜、麦二叉蚜、菜缢管蚜、吹绵蚧
	47. 七星瓢虫 Coccinella septempunctata	蚜虫类
39. 薪甲科 Lathridiidae	48. 大眼薪甲 Cartodere argus	面粉、麦麸
40. 小蕈甲科 Mycetophagidae	49. 波纹蕈甲 Mycetophagus antennatus	大米、面粉、麦类、稻谷、中药材、饲料
41. 拟步甲科 Tenebrionidae	50. 东方鳖甲 Anatolica cellicola	粪便
	51. 沙潜 Opatrum subaratum	高粱、谷子、玉米、豆类、花生、甜菜、麻、棉、花椒
42. 芫菁科 Meloidae	52. 中国豆芫菁 Epicauta chinensis	成虫为害豆科植物、甜菜、马铃薯、玉米、国槐、刺槐
43. 天牛科 Cerambyeidae	53. 家茸天牛 Trichoferus campestris	苹果、枣、花椒、油松、云杉、槐、桦、沙棘
44. 豆象科 Bruchidae	54. 蚕豆象 Bruchus rufimanus	蚕豆
	55. 绿豆象 Callosobruchus chinensis	绿豆、红豆、小豆
45. 负泥虫科 Crioceridae	56. 谷子负泥虫 Oulema tristis	谷子、小麦、高粱、玉米、稻、黍

纲目科种 （中国名）	学名	寄主
46. 象甲科 Curculionidae	57. 甜菜象 *Bothynoderes punctiventri*	甜菜、藜科、蓼科
	58. 大绿象 *Chlorophanus grandis*	棉、麦、苹果、梨、杏、桃、枣、杨、柳
	59. 蒙古土象 *Xylinophorus mongolicus*	玉米、谷子、大豆、核桃、枣、沙棘、苜蓿、甜菜、花生、大麻、棉花、黄芪、刺槐
十、双翅目	DIPTERA	
47. 窗虻科 Scenopinidae	60. 窗虻 *Paromphrale glahrifrons*	饲料
48. 食虫虻科 Asilidae	61. 中华盗虻 *Cophinopoda chinensis*	捕食多种小昆虫
49. 食蚜蝇科 Syrphidae	62. 黄腹狭口食蚜蝇 *Asarkina porcina*	蚜虫
	63. 大灰后食蚜蝇 *Metasyrphus corollae*	蚜虫
50. 蝇科 Muscidae	64. 古阳蝇 *Helina annosa*	
	65. 兴县棘蝇 *Phaonia xingxianensis*	
51. 丽蝇科 Calliphoridae	66. 红头丽蝇 *Calliphora vicina*	幼虫以粪及污物为食
	67. 叉叶绿蝇 *Lucilia caesar*	污物
52. 麻蝇科 Sarcophagidae	68. 舞毒蛾克麻蝇 *Kramerea schuetzei*	松毛虫幼虫、僧尼舞毒蛾
53. 寄蝇科 Tachinidae	69. 健壮刺蛾寄蝇 *Chaetexorista eutachinoides*	黄刺蛾
	70. 多刺孔寄蝇 *Chactogena olliquata*	绿黄枯叶蛾
十一、蚤目	SIPHONAPTERA	
54. 蚤科 Pulicidae	71. 猫栉首蚤 *Ctenocephalidae felis felis*	人、猫、犬、家畜、家禽
十二、鳞翅目	LEPIDOPTERA	
55. 细蛾科 Gracilariidae	72. 金纹细蛾 *Lithocolletis ringoniella*	苹果、梨、李、山楂
56. 银蛾科 Argyresthiidae	73. 桦银蛾 *Argyresthia brockeella*	桦
	74. 花椒银蛾 *Argyresthia conjugella*	花椒、苹果、樱桃、山楂等

纲目科种（中国名）	学名	寄主
57. 巢蛾科Yponomeutidae	75. 苹果黑点巢蛾 *Hyponomeuta polysticta*	苹果、梨、桃、山楂
	76. 卫矛巢蛾 *Yponomeuta polystigmellus*	桃、卫矛、栎、黄杨
58. 菜蛾科Plutellidae	77. 小菜蛾 *Plutella xylostella*	甘蓝、萝卜、芥菜、番茄、油菜、马铃薯、玉米
59. 螟蛾科Pyralidae	78. 米缟螟 *Aglossa dimidiata*	棉花、烟草、禾谷类、粉类、中药材
	79. 紫斑谷螟 *Pyralis farinalis*	面粉、麦、中药材
60. 尺蛾科Geometridae	80. 醋栗尺蛾 *Abraxas grossulariata*	醋栗、李、杏、桃、山榆、梅、稠李
	81. 菊四目绿尺蛾 *Thetidia albocostaria*	菊、艾等
61. 钩蛾科Drepanidae	82. 赤杨镰钩蛾 *Drepana curvatula*	杨
	83. 荞麦钩蛾 *Spica parallelangula*	荞麦
62. 弄蝶科Hesperiidae	84. 赭弄碟 *Ochlodes subhyalina*	莎草等
	85. 直纹稻弄蝶 *Parnara guttata*	水稻、大麦、芦苇、狼尾草、狗尾草等
	86. 花弄蝶 *Pyrgus maculatus*	绣球菊、沙棘
63. 凤蝶科Papilionidae	87. 金凤蝶 *Papilio machaon*	胡萝卜、茴香、芹菜、柴胡
64. 绢蝶科Parnassiidae	88. 小红珠绢蝶 *Parnassius nomion*	景天科植物
65. 粉蝶科Pieridae	89. 黄尖襟粉蝶 *Anthocharis scolymus*	油菜等
	90. 斑缘豆粉蝶 *Colias erate*	苜蓿、豆科植物
	91. 菜粉蝶 *Pieris rapae*	油菜、十字花科植物
	92. 云斑粉蝶 *Pontia daplidice*	十字花科植物
66. 眼蝶科Satyridae	93. 白点艳眼蝶 *Callerebia albipunctata*	栎、桦、松
	94. 珍眼蝶 *Coenonympha amaryllis*	莎草科植物
	95. 多眼蝶 *Kirinia epaminondas*	竹、棘豆
67. 蛱蝶科Nymphalidae	96. 荨麻蛱蝶 *Aglais urticae*	麻、荨麻
	97. 柳紫闪蛱蝶 *Apatura ilia*	杨、柳
	98. 紫闪蛱蝶 *Apatura iris*	杨、柳
68. 大蚕蛾科Saturniidae	99. 合目大蚕蛾 *Caligula boisduvali*	核桃、胡枝子、栎、椴、楸
	100. 黄豹大蚕蛾 *Leopa katinki*	藤科植物

纲目科种 （中国名）	学名	寄主
69. 蚕蛾科Bombycidae	101. 家蚕 *Bombyx mori*	桑
70. 毒蛾科Lymantriidae	102. 云星黄毒蛾 *Euproctis niphonis*	榛、桦
	103. 榆毒蛾 *Ivela ochropoda*	榆
	104. 柳毒蛾 *Leucoma candida*	柳
	105. 雪毒蛾 *Leucoma salicis*	杨、柳
	106. 舞毒蛾 *Lymantria dispar*	杨、柳、榆、松等
	107. 盗毒蛾 *Porthesia similis*	山楂、榆、桃、杨、柳、桦
71. 灯蛾科Arctiidae	108. 红缘灯蛾 *Amsacta lactinea*	桑
	109. 排点黄灯蛾 *Diacrisia sannio*	山柳、山萝卜属植物
	110. 车前灯蛾 *Parasemia plantaginis*	车前、落叶松
	111. 浑黄灯蛾 *Rhyparioides nebulosa*	柳、车前、艾
	112. 黄臀黑污灯蛾 *Spilarctia caesarea*	柳、车前、蒲公英
	113. 尘白灯蛾 *Spilarctia obliqua*	桑、柳、棉、麻、豆、花生
72. 夜蛾科Noctuidae	114. 参卜馍夜蛾 *Bomolocha obesalis*	小麦、苧麻
	115. 豆卜馍夜蛾 *Bomolocha tristalis*	大豆
	116. 筱客来夜蛾 *Chrysorithrum flavomaculata*	豆类
	117. 柳残夜蛾 *Colobochyla salicalis*	杨、柳
	118. 碧银冬夜蛾 *Cucullia argentea*	菊科植物
	119. 黄条冬夜蛾 *Cucullia biornata*	蒿、菊科植物
	120. 谐夜蛾 *Emmelia trabealis*	甘薯、田旋花
	121. 鸽光裳夜蛾 *Ephesia columbina*	杂灌木

六、湿地保护

近年来随着社会经济的快速发展和生产活动的日渐频繁，沁河湿地盲目开垦和改造、湿地污染、对湿地资源的不合理利用等问题日益突出。以科学发展观为指导，全面系统认识沁河湿地保护的重要性和紧迫性，认真研究解决沁河湿地保护面临的困难和问题，切实保护沁河湿地资源，维护沁河湿地生态安全势在必行。

1. 主要问题

湿地盲目开垦和改造

在调查中发现，沁河沿岸的部分滩涂地被开垦成玉米、蔬菜等田地，使得沁河水面和周围的滩涂地逐年减小，原地貌及植被遭到破坏，一旦遇到大雨天气，河水水位上升，农田植物的固土防沙能力有限，导致区域水土流失严重，河流挟沙量、挟秸秆量增大，泥沙、秸秆淤积现象明显。水体生态系统的稳定性受到威胁。

湿地污染

在20世纪90年代，掀开河流沿岸的石块，下面藏着的螃蟹、虾等动物，总能给人以小小的激动和惊喜。而如今石块的下面只有乌黑的淤泥，螃蟹、虾等动物已不复存在，以往的喜悦已变成失望。并且在河流的部分河段，水体富营养化较严重，水体污染现象亟须得到重视。另外，在沁河河岸，还可见到废弃衣物、日常用品等的随意丢弃，对沁河湿地的天然景观造成了严重的影响。

湿地资源的不合理利用

湿地是工农业生产和居民生活的主要水源地，不合理的用水方式，已使沁河湿地供水能力受到较大影响。同时电击、下药等粗暴的鱼类资源获取方式，已使沁河鱼类现存量极大减少，严重影响了鱼类的正常繁衍，让人惋惜的是，相关部门对此类现象的严打禁止工作落实并不到位，以非正常手段获取利益的行为依然猖獗。此外，河床挖沙现象曾一度快速发展，导致河床破坏严重，虽近几年进行了相关制止，但挖沙遗留的植被破坏、河床深凹地众多、河道变窄、河流浑浊度增加、动植物栖息地破坏等生态问题仍未进行合理修复与重建。

2. 保护对策

加强湿地保护

湿地保护是一项复杂的系统工程，涉及社会的各个方面，只有从土地资源、生物资源、水资源等多种资源的保护和管理，加强湿地自然保护区的建设，同时控制湿地污染等多方面入手，才能使得沁河湿地生态系统功能效益得以正常发挥，从而实现沁河湿地资源的可持续利用。

加强土地利用方式的管理

在沁河湿地开展各类湿地面积以及利用情况的调查，全面评估和分析土地资源保护和受威胁状况，对各类土地资源保护利用和管理进行合理的规划安排。严格限制围垦和开发天然湿地，严禁天然湿地中土地利用形式的随意改变，建立湿地开发的环境影响评价体系。大力营造生态保护林和水源涵养林，防止水土流失，减少淤积。

图151　沁河水面白鹭飞
图中为在沁河河道生态工程改造后的水面上嬉戏的大白鹭

加强湿地污染控制

利用现有各部门的检测机构和人员设备等资源，建立沁河湿地生态环境检测和评价系统，以及预测湿地污染和生态环境动态机制，治理已受污染的河流水体，对于排污的企业和个人进行处罚、约束，并实行终身追责，落实推行清洁生产工艺以及沁河湿地污染生物防治工程示范。同时，对沁河河岸随意丢弃的废弃衣物、日常用品等进行集中分类处理，并对周边居民进行保护意识引导，规范其日常行为习惯。

加强沁河湿地生物多样性保护和管理

全面评估沁河湿地的生物多样性资源现状及其保护、管理状况，实施沁河湿地生物多样性保护工程，对国家和山西省重点保护的动植物及其栖息地进行保护，建立救护繁育基地，增加珍稀濒危野生动植物的种群数量。完善湿地资源保护与科学利用相关机制与惩戒规定，并将其真正落实到位，让"保护"不再只是空虚的口号，还动植物一个安全、静谧、和谐、优美的生存家园。

加强湿地自然保护区建设和管理

确定沁河湿地保护区的分布格局及发展方向，编制相关的总体规划，建立不同级别不同规模的沁河湿地保护站，形成完善的湿地保护网络，对于已经建立的保护区，加强其基础设施和能力的建设，提高保护区的保护和管理能力。

重视湿地重建

沁河湿地所面临的问题与水资源缺乏和不合理利用有着直接关系，因此沁河湿地生态恢复的前提是水资源的恢复。湿地恢复包括对已遭到不同程度破坏的湿地生态系统进行恢复、修复和重建。对湿地水文水质、湿地的水岸污染，通过生物和工程措施相结合的方法进行修复，对湿地植物、湿地动物的生存环境受损，通过封育和人工辅助措施相结合的方式进行重建。

优化水资源的调配与管理

确定沁河水资源承载能力和水资源状况，优化流域水资源配置方案及水资源宏观调控指标体系。合理划分水功能区，确定沁河水体纳污总量，对排污实施总量控制，划定水源保护区。

加强湿地生态恢复、修复和重建

积极实施沁河湿地周边退耕（牧）还林（泽、滩、草）工程，恢复天然湿地面积，改善湿地生态环境状况，恢复湿地生态系统功能。对于富营养化程度严重的湿地、泥沙淤积严重的湿地进行治理和恢复，合理选取植被配置模式，通过湿地植被的重建和恢复，改善湿地生态环境。

湿地资源监测和评价体系建设

在全面调查沁河湿地的基础上，利用地理信息系统、遥感和全球定位系统等技术，为沁河湿地科学管理和合理利用提供科学决策的依据。多部门参与相互协调，相互补充建立统一的检测体系，编制沁河湿地监测工作指南，采用统一的检测指标和监测方法，系统掌握沁河湿地资源的动态变化，并及时提出相关的措施，为沁河湿地保护和合理利用提供服务。

开展可持续利用示范

湿地的保护离不开可持续利用，而可持续利用又必须以保护为基础，这就需要对沁河湿地资源的开发利用制定科学规划，科学评估其开发潜力，合理确定开发强度及方法，严厉禁止通过非正常手段获取利益，选择典型地区开展湿地可持续利用示范工程，建立不同类型湿地开发和合理利用成功模式。

加强宣传教育培训，增强保护意识，引导公众参与

利用特定的日期，如"世界湿地日""爱鸟周""野生动物保护宣传月"等有组织地开展全民性的认识湿地、保护湿地的宣传教育活动。通过各种途径，加强人才培训，完善湿地保护的技术培训体系，通过专业教育和专业技术培训，提高广大管理人员、技术人员的专业知识和技术水平，为沁河湿地保护和合理利用提供技术支持。

主要参考文献

郭东罡, 上官铁梁. 太岳山针阔混交林生物多样性研究:山西灵空山自然保护区科学考察集[M]. 北京:中国科学技术出版社, 2013.

郭东罡. 山西植被志[M]. 北京:科学出版社, 2014.

马子清, 上官铁梁, 滕崇德. 山西植被[M]. 北京:中国科学技术出版社, 2001.

王国祥. 山西森林[M]. 北京: 中国林业出版社, 1992.

吴征镒. 中国植被[M]. 北京: 科学出版社, 1980.

陈耀东, 马欣堂, 杜玉芬, 冯旻, 李敏. 中国水生植物[M]. 郑州:河南科学技术出版社, 2012.

刘耀宗等.山西土壤[M].北京:科学出版社, 1992.

刘天慰等.山西植物志（第一卷）[M].北京:中国科学技术出版社, 1992.

刘天慰等.山西植物志（第二卷）[M].北京:中国科学技术出版社, 1998.

刘天慰等.山西植物志（第三卷）[M].北京:中国科学技术出版社, 2000.

刘天慰, 岳建英等.山西植物志（第四卷）[M].北京:中国科学技术出版社, 2004.

刘天慰, 岳建英等.山西植物志（第五卷）[M].北京:中国科学技术出版社, 2004.

王荷生. 植物区系地理[M]. 1992:18—180.

樊龙锁等.山西两栖爬行类[M].北京:中国林业出版社, 1998.

樊龙锁等.山西兽类[M].北京:中国林业出版社, 1996.

郑光美（主编）.中国鸟类分类与分布名录[M].北京:科学出版社, 2005.

樊龙锁、刘焕金等. 山西鸟类[M].中国林业出版社, 2008.

赵尔宓. 中国蛇类[M].安徽:安徽科学技术出版社, 2006.

尹文英等.中国土壤动物[M].北京:科学出版社, 2000.

郭东罡, 上官铁梁, 白中科等. 山西太岳山油松群落对采伐干扰的生态响应[J].生态学报, 2011, 31（12）:3296—3307.

李跃霞, 上官铁梁. 山西种子植物区系地理研究[J].地理学科, 2007, 27（5）:724—729.

上官铁梁, 李晋鹏, 郭东罡. 中国暖温带山地植被生态学研究进展[J].山地学报, 2009, 27（2）:129—139.

上官铁梁. 1985. 山西主要植被类型及其分布的初步研究[J]. 山西大学学报, （1）:72—82.

焦文婧, 郭东罡, 张婕等. 灵空山自然保护区油松—辽东栎林建群种关联性[J]. 生态学杂志, 2012, 31（012）: 3050—3057.

刘卫华, 上官铁梁, 郭东罡. 太岳山油松群落邻体竞争效应的初步研究[J]. 科技情报开发与经济, 2007, 17（22）: 168—171.

闫明, 毕润成. 山西霍山植被分类及不同演替阶段群落物种多样性的比较分析[J]. 植物资源与环境学报, 2009, 18（3）: 56—62.

张峰, 张金屯, 张峰. 历山自然保护区猪尾沟森林群落植被格局及环境解释[J]. 生态学报, 2003, 23（3）: 421—427.

马晓勇, 上官铁梁, 庞军柱. 太岳山森林群落优势种群生态位研究[J]. 山西大学学报: 自然科学版, 2004, 27（2）: 209—212.

张笑菁. 太岳山麻池背油松天然林结构特征研究[D]. 北京林业大学, 2010.

黄三祥, 张赞, 赵秀海. 山西太岳山油松种群的空间分布格局[J]. 福建林学院学报, 2009, 29（3）: 269—273.

高利霞, 毕润成, 闫明. 山西霍山油松林的物种多度分布格局[J]. 植物生态学报, 2011, 35（12）: 1256—1270.

张笑菁, 赵秀海, 康峰峰等. 太岳山油松天然林林木的空间格局 [J]. 生态学报, 2010, 30（18）: 4821—4827.

苗艳明, 刘任涛, 毕润成. 山西霍山油松种群结构和动态研究[J]. 武汉植物学研究, 2008, 26（3）: 288—293.

闫桂琴, 毕润成. 山西霍山森林群落主要种生态位的研究[J]. 山西师范大学学报（自然科学版）, 1993, 2:11.

孙继超. 太岳山油松人工林生物量和碳储量研究[D]. 北京: 北京林业大学, 2011.

韩海荣. 太岳山油松基因保护林的研究（Ⅰ）——林分组成与结构的研究[J]. 北京林业大学学报, 2000, 22（4）: 36—39.

余敏. 山西灵空山林分冠层结构与草本植物群落分析[D]. 北京林业大学, 2013.

吴征镒. 中国种子植物属的分市区类型[J]. 云南植物研究, 1991.V（增刊）: 1—139.

郝向春. 灵空山主要森林类型枯落生物量及持水性能[J]. 山西林业科技, 2000（4）: 1—3.

翟旺, 米文精.山西森林与生态史[M]. 中国林业出版社, 1999:13—300.

丁献华. 太岳山七里峪油松群落物种多样性研究[J]. 科技信息, 2009, 14: 75.

马敬能, 卡伦·菲利普斯, 何芬奇等.中国鸟类野外手册[M].湖南:湖南教育出版社, 2000.

李世广等.山西省重点保护陆栖脊椎动物调查报告[M].北京:中国林业出版社, 1999.

虞国跃. 中国昆虫物种多样性. 见李典谟, 伍一军, 武春生等. 当代昆虫学研究[M]. 北京:中国农业科学技术出版社, 2004. 177—179.

星科, 赵建铭. 中国昆虫分类研究的五十年〔J〕. 昆虫知识, 2000, 37（1）:1—11.

李长安.山西省蜻类昆虫名录〔J〕.山西大学学报, 1981（1）:93—100.

王福麟. 山西野生动物资源现状[J].山西生物科学, 1979,（1）:17—21.

张俊, 周保华. 山西动物地理区划[J].生物研究通报2, 1984,（4）:31—37.

张树棠, 岳成保, 张俊. 山西省动物资源保护与利用的研究[J].山西生物科学（动物专辑）, 1981, 1—10.

刘焕金, 冯敬义, 苏化龙. 山西省鸟类名录及珍贵保护鸟类[J].国土与自然资源研究, 1984, 04.

郭翠文, 樊龙锁, 王成伟. 山西省两栖动物区系及地理区划[J].四川动物, 1998,（2）:17.

郭萃文, 王琰, 连丽萍. 山西省爬行动物区系及地理区划[J].四川动物, 2002,（3）:21.

宋慧刚, 朱军. 山西省鸟类物种多样性及区系分析[J].野生动物, 2008, 5.

山西省生物多样性调查及现状评价研究报告——濒危及受保护动植物名录, 山西大学.2010.

伊力塔, 韩海荣, 马钦彦等. 灵空山辽东栎萌芽更新的灰色关联分析[J].山西林业科技, 2006, 1:23—25.

朱建奎, 韩海荣, 伊力塔等. 山西太岳山典型森林群落土壤有机质及氮素研究[J].林业资源管理, 2009, 2:70—75.

蔺琛, 马钦彦, 韩海荣等. 山西太岳山辽东栎的光合特性[J].生态学报, 2002, 22（9）:1400–1406.

马钦彦, 张学培, 韩海荣等. 山西太岳山森林土壤夏日CO_2释放速率的研究[J].北京林业大学学报, 2000, 22（4）:89—91.

邓铭瑞, 康峰峰, 赵秀海等. 山西太岳山油松林木非生长季树干液流研究[J].四川林业科技, 2011, 32（5）:14—19.

Liu Ren-tao, Bi Run-cheng, Zhao Ha-lin. Mathematical Simulations of the Relationship between Height and DBH of Juglans mandshurica Population in Taiyue Forest Region[J].2008, 23（3）:416—422.

王琰, 陈建文, 狄晓艳. 水分胁迫下不同油松种源 SOD、POD、MDA 及可溶性蛋白比较研究[J].生态环境学报, 2011, 20（10）:1449—1453.

韩海荣, 马钦彦. 太岳山油松基因保护林的研究[J].北京林业大学学报, 2000, 22（4）:35—39.

苗方琴, 汪金松, 孙继超等. 太岳山油松天然林不同土层的碳氮转化速率[J].应用与环境生物学报, 2010, 16（4）:519—522.

闫明, 毕润成, 钟章成. 太岳山植物资源的调查与研究[J].国土与自然资源研究, 2003:82—84.

南海龙, 韩海荣, 马钦彦等. 太岳山针阔混交林林隙草本和灌木物种多样性研究[J].北京林业大学学报, 2006, 28（2）:52—56.

张笑菁, 赵秀海, 康峰峰等. 太岳山油松天然林林木的空间格局[J].生态学报, 2010, 30（18）:4821—4827.

黄三祥, 赵秀海. 山西太岳山天然油松林主要木本植物种群结构及空间分布格局研究[J].林业资源管理, 2009, 4:41—47.